日本列島を
襲う!!

猛暑　集中豪雨　地震　火山噴火…

異常気象と自然災害

そのメカニズムと対策

猛暑、地震、津波、火山噴火、集中豪雨と、近年、日本列島では異常気象や自然災害が増えている。もちろん、これから発生する可能性の高い災害もある。日本列島に安全な場所などないのかもしれない。

地震

2018年9月
北海道胆振東部地震

P.64 ←

火山噴火
2014年
御嶽山噴火

津波による浸水範囲

P.60 ←

津波
2011年東日本大震災

P.08 ←

猛暑
2018年熊谷市 41.1℃

こんなにヤバい、
日本列島

集中豪雨
平成30年7月豪雨
P.12 ←

地震
2016年
熊本地震

地震の被害により修復中の熊本城
P.56 ←

地震

南海トラフ地震による
想定震源域

起きたらヤバい!!
南海トラフ地震

日本列島を襲う!! 異常気象と自然災害 そのメカニズムと対策

もくじ

はじめに

急増している危険、異常気象と自然災害

2018年は、6月下旬から7月上旬にかけて豪雨が発生。224人の死者、8人の行方不明者、459人の負傷者を出した。7月23日には埼玉県熊谷市で観測史上最高の41・1℃を記録。さらには、9月6日に北海道胆振東部地震が発生。42人の死者、47人の重傷者を出した。まさに、異常気象と自然災害にまみれた、最悪の年となった。

今年は、5月の国内史上最高気温である39・5℃が北海道佐呂間町で観測された。いったいどうなるのだろうか。

本書では、猛暑や集中豪雨、豪雪などの異常気象のメカニズムを、図と写真でわかりやすく解説する。また、地震や津波、火山噴火などの自然災害のメカニズムについても同様に解説。

さらに本書では、災害発生前の準備や災害発生後の対策など、いざというときに身を守る方法も紹介している。

本書を通じて、読者の皆様が異常気象や自然災害への理解が深まり、身を守ることにつながれば、これに勝る喜びはない。

2019年7月

『異常気象と自然災害』編集部

Part 1
異常気象はこうして起こる！

猛暑のメカニズム

「災害級の暑さ」はなぜ起こる？

最高気温（国内）
2018年埼玉県熊谷市
41.1℃

チベット高気圧は猛暑のサイン

太平洋高気圧の上にチベット高気圧が覆いかぶさるように張り出すと、暑さは厳しくなる。安定した晴天が続き、強烈な日射が空気を容赦なく加熱するからだ。また高気圧圏内で起こる下降気流は、それじたいに昇温の作用がある。

複数の要素が重なると、記録的な暑さに

1933年に山形で観測された40・8℃。これがかつての国内最高気温で、70年以上にわたり、この記録が塗り替えられることはなかった。ところが2007年、熊谷と多治見の2地点で40・9℃を観測し、記録を更新した。

その後、2013年に江川崎（四万十市）で41・0℃、2018年に熊谷で41・1℃と相次いで記録が塗り替えられていった。とくに2018年は、気象庁が「災害級の暑さ」と表現するほどの極端な猛暑が続いた。

また、2019年5月26には、北海

ラニーニャ現象
フェーン現象など

高

気温が上がる
特別な気象条件

ヒートアイランド

地球温暖化

ふだんの夏の暑さ

気温

低

さまざまな要因が積み重なって記録的な暑さを生みだす！

記録的な猛暑は、ラニーニャ現象（44ページ）、太平洋高気圧とチベット高気圧の重なり、安定した晴天、フェーン現象（40ページ）などの気温が上がる特別な気象条件によってもたらされる。もちろん、根底には温暖化とヒートアイランドのふたつの要因があることを忘れてはならない。このふたつの対策をしない限り、どんどん平均気温が上がってしまう。

猛暑には温暖化の影響も無視できない

日本ではこの100年の間に年平均気温が約1.21℃上昇している。夏（6〜8月）だけ見ても、この100年で平均気温は約1.11℃ぶん高くなっている。しかも現在進行形で右肩上がりの状態が続いている。このまま温暖化が進むと、夏の暑さもいまとは比較にならないほど強烈なものになる可能性が高い。

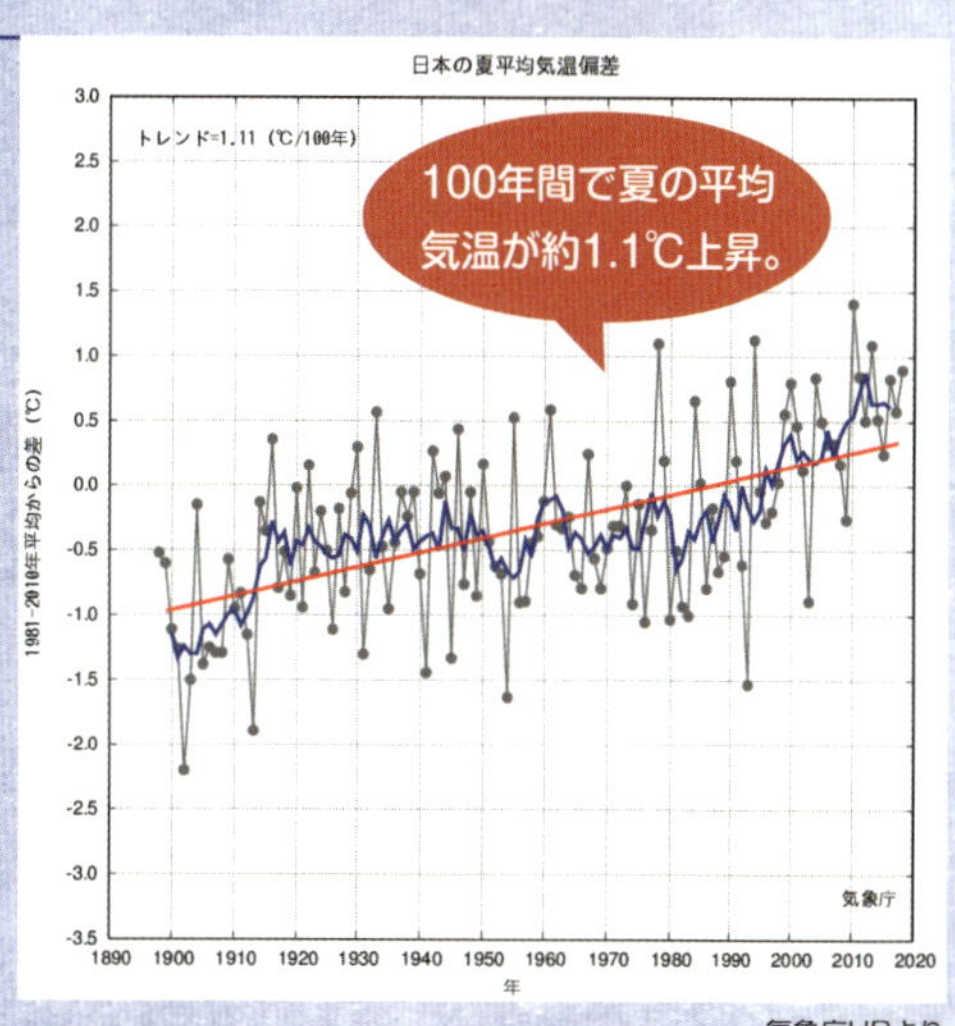

気象庁HPより

道佐呂間町で39・5℃という異例の高温が観測された。

気象庁によると、日本の夏（6〜8月）の平均気温は100年あたり1・11℃の上昇率である。

昨今の猛暑は、地球温暖化の影響があるといわれるがそれだけが原因ではない。複数の気温を押し上げる条件が積み重なった結果である。

まず、温暖化の有無にかかわらず猛暑年に共通する気圧配置がある。夏の「蒸し暑さ」のもととなるのが太平洋高気圧だ。この勢力が強い年は当然、暑さが厳しくなる。天気図上で朝鮮半島付近の等圧線が「クジラの尾」のようなカーブを描くと、暑くなるというのは昔から知られていることだ。

太平洋高気圧の上にチベット高気圧が張り出して重なると、一段と暑さは厳しくなる。地表から対流圏上端までが高気圧圏内となり、安定した晴天が長く続く。強烈な日射が空気を容赦なく加熱する。

２１世紀に入ってから何度も更新される国内最高気温

かつて国内最高気温といえば、1933年に山形で観測された40.8℃で、以降70年余りにわたり、その記録が破られることはなかった。ところが2007年に熊谷と多治見の２カ所で同時にその記録を塗り替えたのを皮切りに、国内最高気温の更新が相次いでいる。記録更新とまでいかなくとも、40℃をあっさり超えてしまう日もずいぶんと増えた。

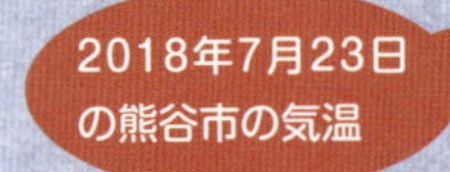

国内最高気温の更新履歴（2019年５月現在）

2018年	熊谷（埼玉）	41.1℃	7月23日
2013年	江川崎（高知）	41.0℃	8月12日
2007年	多治見（岐阜）	40.9℃	8月16日
2007年	熊谷（埼玉）	40.9℃	8月16日
1933年	山形（山形）	40.8℃	7月25日

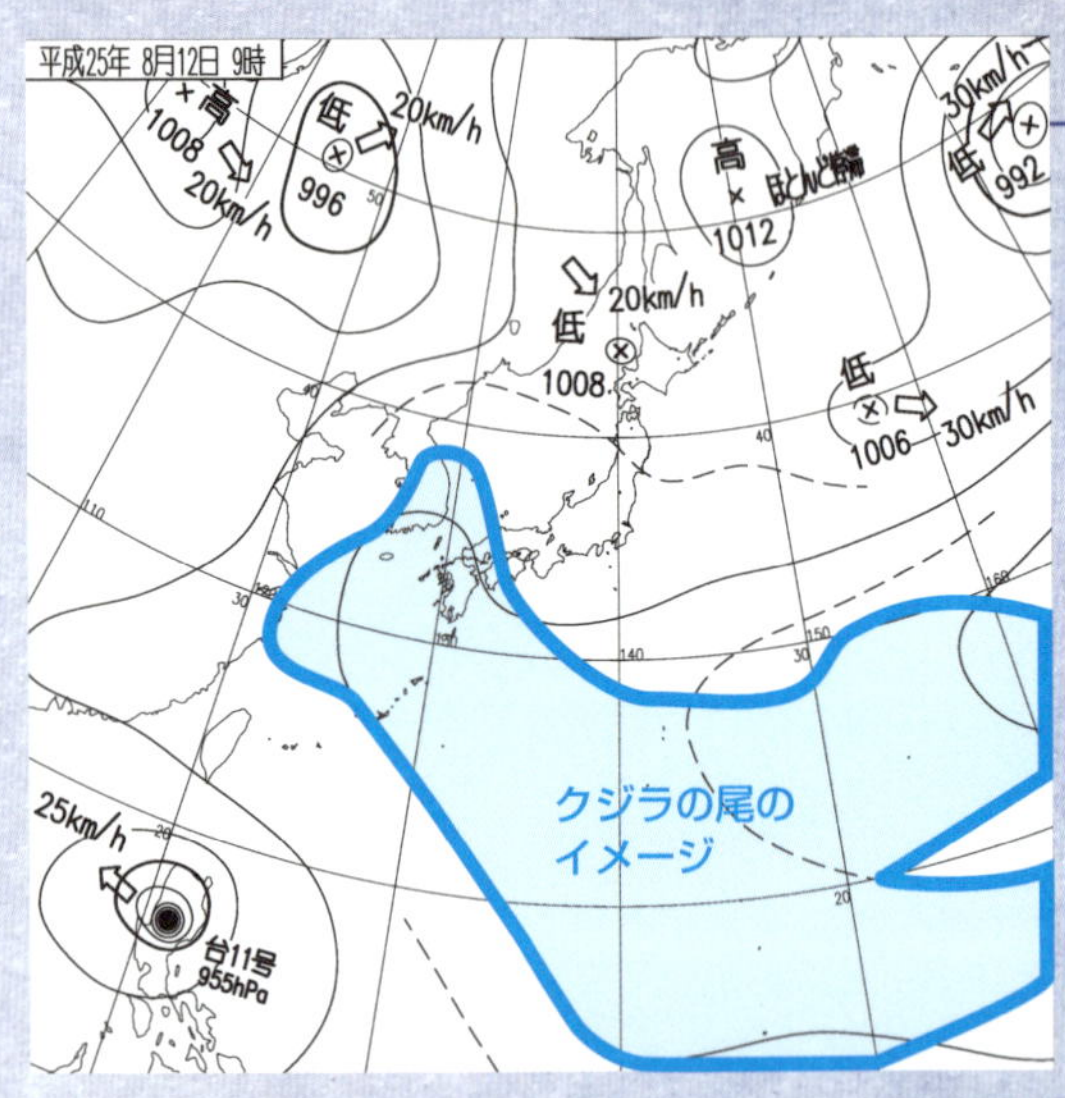

気象庁HPより

地上天気図に現われるクジラの尾に気をつけよ！

左の天気図は高知県四万十市で41.0℃を記録し、当時の国内最高気温の記録を塗り替えた日のものだ。等圧線をよく見ると、九州から朝鮮半島にかけて、北に向かって盛り上がるようなかたちをしている。これが「クジラの尾」と呼ばれているもので、厳しい暑さになる兆候として昔から知られているパターンだ。

さらに高気圧圏内はゆるやかな下降気流となっているが、空気には上から下へ、高度を変えて移動すると温度が上がるという性質があるのだ。

これらは地球規模での現象だが、数十㎢単位で起こるローカルな現象の影響も大きい。フェーン現象とヒートアイランド現象は、その代表である。

最高気温の上位10地点には、熊谷や多治見、京都など特定の地名が頻繁に登場する。これもローカルな現象の影響が加わったためである。

風が山を乗り越えたとき、熱風となって風下側へと吹き降りていくのがフェーン現象（40ページ）。夏は風向きの関係で、南～西側に山がある地域でフェーン現象の影響を受けやすい。

ヒートアイランド現象（38ページ）は、都市部周辺の猛暑を酷くする。コンクリート舗装面からの照り返しは最高気温を大きく押し上げる。また、夜間も熱が放出されるため、最低気温25℃以上の熱帯夜となる。

準備　高温にかんするさまざまな情報に留意する

５～１４日先で気温が平年よりかなり高くなる可能性がある場合、注意喚起のため気象庁から「異常天候早期警戒情報」が発表される。

とくに１週間以内のうちに猛暑の可能性が高まるとより具体的な内容を記した「高温に関する気象情報」も同庁から発表される。

そして実際に当日・翌日の予想最高気温が３５℃以上（基準が異なる地域もある）になると「高温注意情報」が発表される。これらの情報を見逃さないようにしたい。

暑さ指数 WBGT と活動の目安

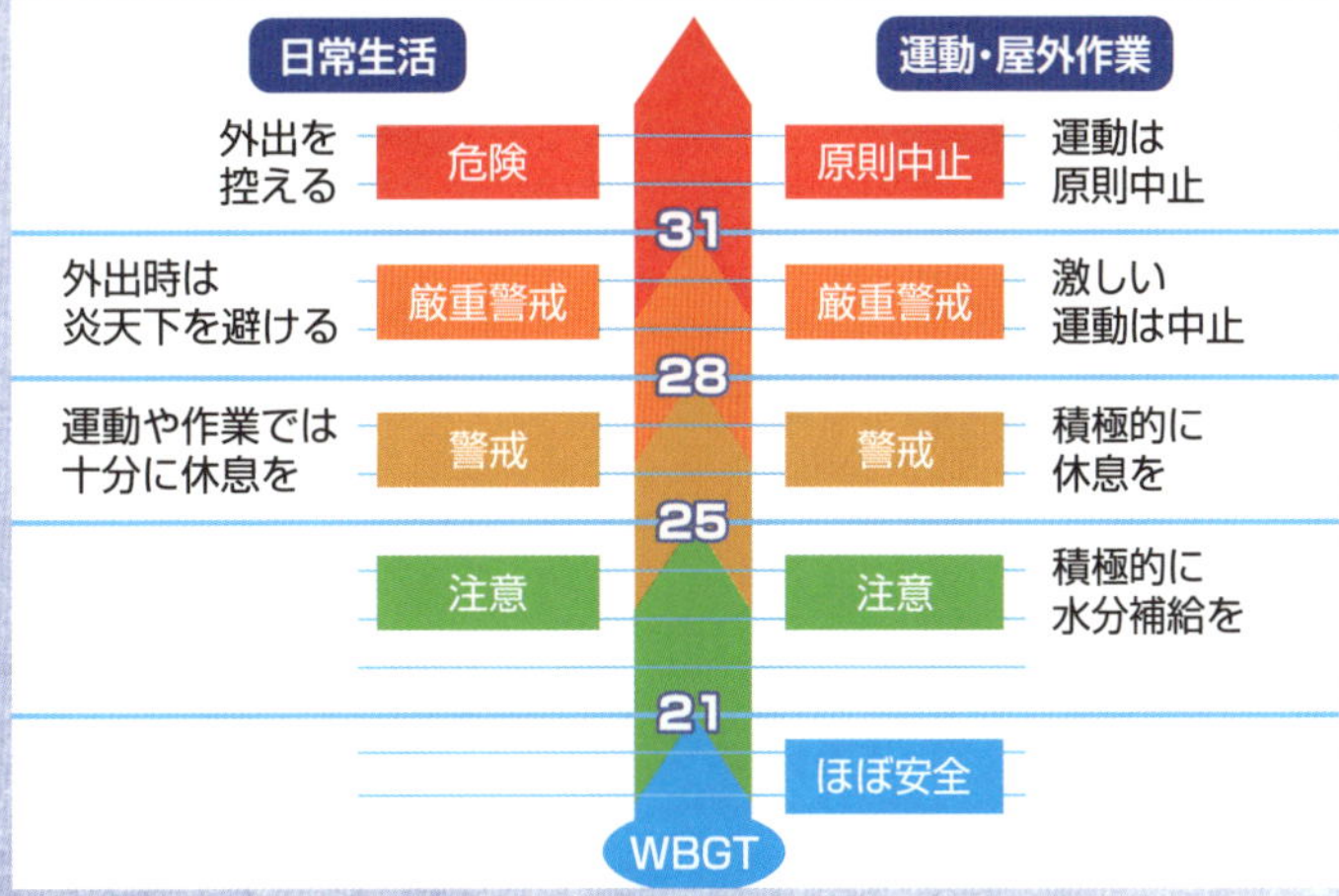

熱中症対策は、気温以外のさまざまな要素を考慮した暑さ指数（WBGT）を活用しよう。

また暑さに負けない身体づくりも大切だ。暑熱順化といって、散歩や軽い運動などで積極的に汗をかくことで、身体が暑さに慣れ、熱中症にかかりにくくなる。ただし、昨日の今日で効果が現われるものではないので、無理は厳禁。あくまで、日ごろから少しずつ心がけて準備をしよう。

対策　体調に少しでも異変を感じたら我慢しない

塩飴やスポーツドリンクは夏の必携品だが、市販品が甘すぎると感じる場合は梅干しも有効。

熱中症は猛暑が引き起こす健康被害である。大量に汗をかくことで、体内の電解質のバランスが乱れ、体温調節機能が破綻して体温の異常上昇をきたす。

発症すると、熱中症は急激に進行するため、生命が危険にさらされる。予防でもっとも大切なのはこまめな水分補給、そしてミネラル補給だ。積極的な休息も必須で、３５℃以上の暑さのときは、屋外作業中止も考えたい。

また頭痛、口の乾き、立ちくらみ、強いだるさ、筋肉がつる……など、これらの異変は熱中症の前兆だ。症状が出たらすみやかに休息をしよう。

市販の熱中計（１０ページ上写真）を携行するのも良い。熱中症のかかりやすさには、気温のほかに湿度や日射などの条件がある。熱中計はこれらを勘案したWBGT（暑さ指数）をリアルタイムで表示し、危険な数値になるとアラームで知らせてくれる機能を備えている。

集中豪雨のメカニズム

たった数時間で、数カ月分の雨が降ってしまうことも

最大日降水量（国内）
2011年高知県魚梁瀬（やなせ）
851.5mm

集中豪雨の主因となる線状降水帯

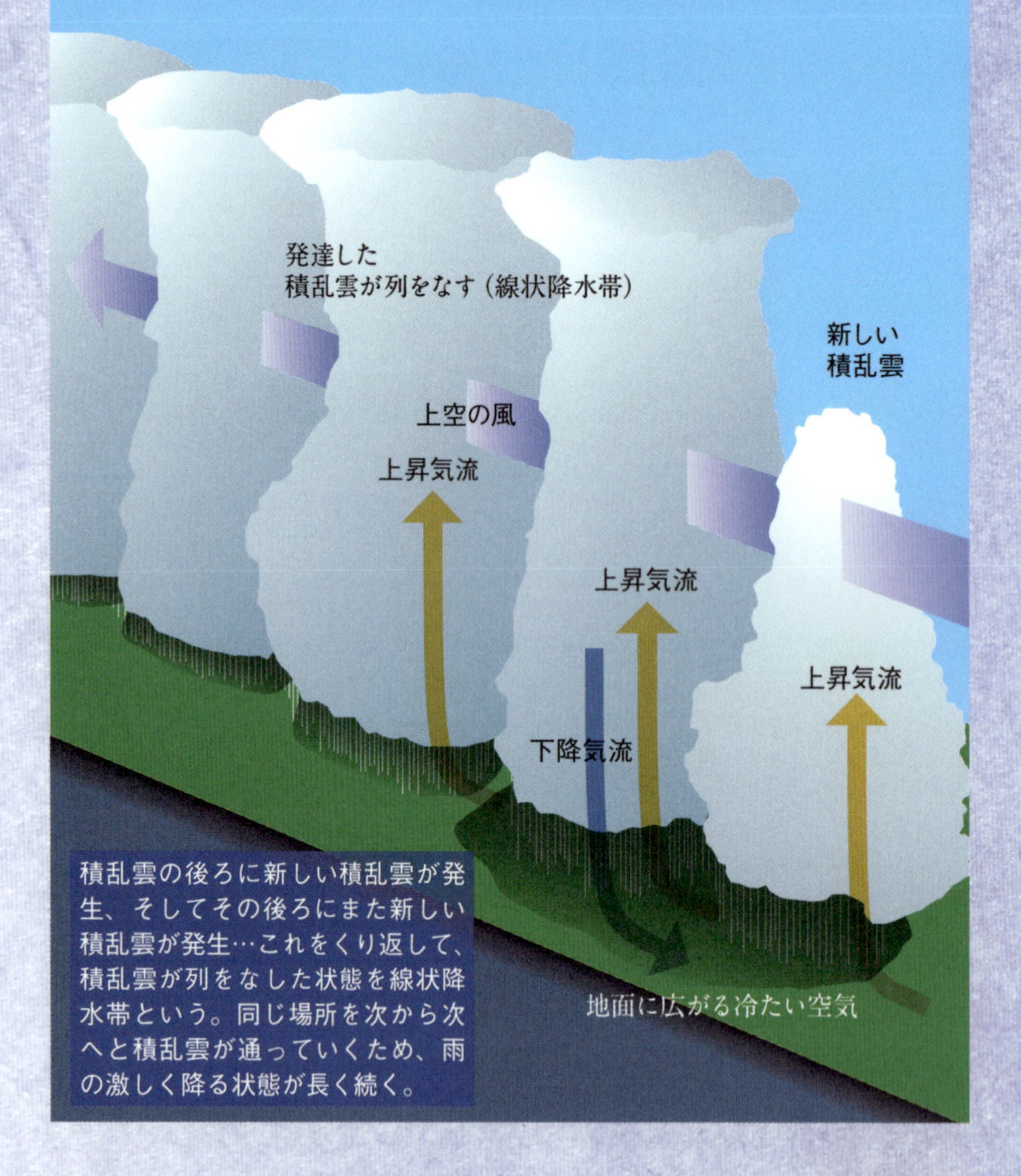

積乱雲の後ろに新しい積乱雲が発生、そしてその後ろにまた新しい積乱雲が発生…これをくり返して、積乱雲が列をなした状態を線状降水帯という。同じ場所を次から次へと積乱雲が通っていくため、雨の激しく降る状態が長く続く。

積乱雲が列になって次々と通っていく

集中豪雨は、比較的狭い範囲で、数時間にわたり激しく降る雨が持続する状態をいう。

雨量は数百㎜にも達する。本来であれば、何カ月もかけて降るような量の雨が、たった数時間で降ってしまうことも。そのため、川の氾濫や大規模な土砂災害（72ページ）が多発し、深刻な事態に進展しやすい。

その雨の原因となる雲が積乱雲。ただ、ひとつひとつの積乱雲の寿命は短く、発生から消滅まで1時間ほどしかない。多少の積乱雲が不規則に発生し

多発する線状降水帯が西日本豪雨をもたらした

左の図は平成30年7月豪雨（いわゆる西日本豪雨）のときの解析雨量。雨が激しく降っていることを示す黄色や赤の部分が細長くのびて、それが何本も発生している。これらが線状降水帯で、真上に来ると雨が激しく降り続き、数時間のうちに深刻な災害が発生するおそれが高くなる。

線状降水帯
mm/h 80 50 30 20 10 5 1

気象庁HPより

関東・東北豪雨で決壊した鬼怒川

右の写真は、平成27年9月関東・東北豪雨により決壊寸前の鬼怒川の様子。川の水は堤防の天面すれすれにまで達し、一部は堤防からあふれて並行して走る道路にも流れだしていた（越水）。撮影者が堤防上に立つと、ぶよぶよとしているのがはっきりとわかり、身の危険を感じてすぐに逃げた。これは「堤防が膿む」と表現される状態だ。

ては消えをくり返すときは、集中豪雨ではなく局地的大雨（いわゆるゲリラ豪雨）となる。

ちなみに、局地的大雨はピンポイントで突発的に激しく降る雨で、持続時間は数十分、雨量は数十㎜ほど。集中豪雨よりも規模こそ小さいが、油断は禁物だ。

都市部においては短時間で大量の雨が降ると、排水能力のキャパを超えてしまう。あっという間に道路や地下街が水浸しになり、急な状況変化による不測の事態を招きかねない。

一方で集中豪雨の主因となるのは、線状降水帯だ。積乱雲の後ろに積乱雲ができ、その後ろにまた積乱雲と、多数の積乱雲が列をなした状態である。

線状降水帯の中では、積乱雲が次々と上空を通過するため、雨が激しい状態が長く続く。平成30年7月豪雨（いわゆる西日本豪雨）や、平成27年9月関東・東北豪雨も、線状降水帯が関係している。

局地的大雨で冠水したアンダーパス

局地的大雨（いわゆるゲリラ豪雨）の後、道路が冠水していたら、車で無理に突破するのは厳禁だ。水が入ると車が故障し、最悪の場合、立ち往生してしまう。アンダーパス（地下道）はさらに危険度が高い。車が完全に水没すると、水圧で完全に脱出できなくなる。こういう事態に備えた脱出用ハンマーも市販されているが、何よりもそういう場所には近寄らないのが一番だ。

巨大な積乱雲。雲の下では激しい雷雨となっている。しかし意外と短命で、ひとつの雲が発生してから消滅するまでの時間は30分〜1時間ほどだ。

積乱雲は激しい雨を降らすが、個々の雲の寿命は短い

積乱雲の大きさ

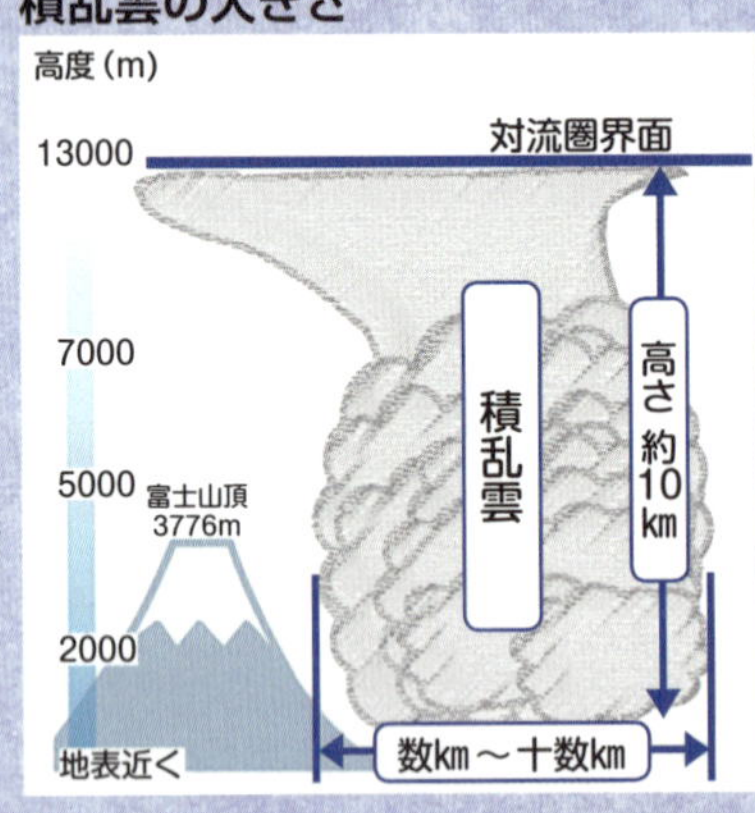

最悪なのは、台風と前線の組み合わせ

気象庁が名前をつけるような顕著な大雨のほとんどが、梅雨の末期もしくは台風接近時に発生している。

梅雨の末期は、太平洋高気圧（夏の空気）の勢力が強くなって、その縁に沿うように南からの高温多湿な空気が流れ込みやすくなるからだ。

台風は高温多湿な空気の塊で、大量の水蒸気を引き連れながらやってくるため、集中豪雨が発生しやすくなる。

そしてもっとも危険なのが、前線と台風の組み合わせ。前線付近はもともと雨雲が発生しやすいが、そこに台風から雨雲のもととなる水蒸気が次々と供給され、広域で雨雲が強化される。

このような状況下では、風のぶつかりなどの些細なできごとを引き金に、線状降水帯が次々とでき、集中豪雨も頻発する。

準備　平時に避難所まで歩いてリスクを把握する

最寄りの避難所を把握するとともにやっておきたいのが、避難所までのルートの点検だ。災害時は徒歩避難が原則となるため、平時に散歩感覚で良いので自宅から避難所までのコースを実際に歩いてみよう。

集中豪雨のときは、浸水や斜面崩落、水路の氾濫などの小さな災害が多発し、通れる道は限られる。

そこであらかじめ、危険箇所に目星をつけ、もっとも安全に避難できるルートを把握しておく。自治体が公表しているハザードマップも非常に役に立つので、手元に置いておこう。

やむを得ず冠水地点を通るときは、水路やふたの外れたマンホールに転落しないよう、長い棒で足元を確認しながら歩くと良い。非常持ち出し袋と一緒に棒も用意しておこう。

東京都墨田区水害ハザードマップの表紙。ハザードマップは災害種別ごとに作成されている。

墨田区提供

対策　少しでも異変を感じたら迷わず避難！

写真のような看板のある場所は災害リスクが高いと心得よう。

豪雨時は、河川の氾濫、浸水、土砂災害に警戒が必要だ。大きな河川の場合は、水位にかんする情報が気象庁から適宜発表される（７８ページ）。

また、いつ土砂災害が発生してもおかしくない切迫した状況になると、土砂災害警戒情報が気象庁から発表される。ただ、これらの情報は非常に有効だが万全ではない。情報が出ていなくても、こまめに周囲を確認し、異変を感じたら速やかに避難をしよう。

家のまわりに想定浸水深、冠水注意、土石流危険渓流など、危険箇所を示す看板はないだろうか。近くにある場合はとくに警戒が必要だ。豪雨災害では、過信と逃げ遅れが命とりとなりかねない。

台風のメカニズム

あらゆる気象災害を次々と引き起こすが、事前の予想は可能

最大瞬間風速(国内・富士山頂以外)
1996年沖縄県宮古島
85.3m/s

台風は積乱雲が集まって渦を巻いたもの

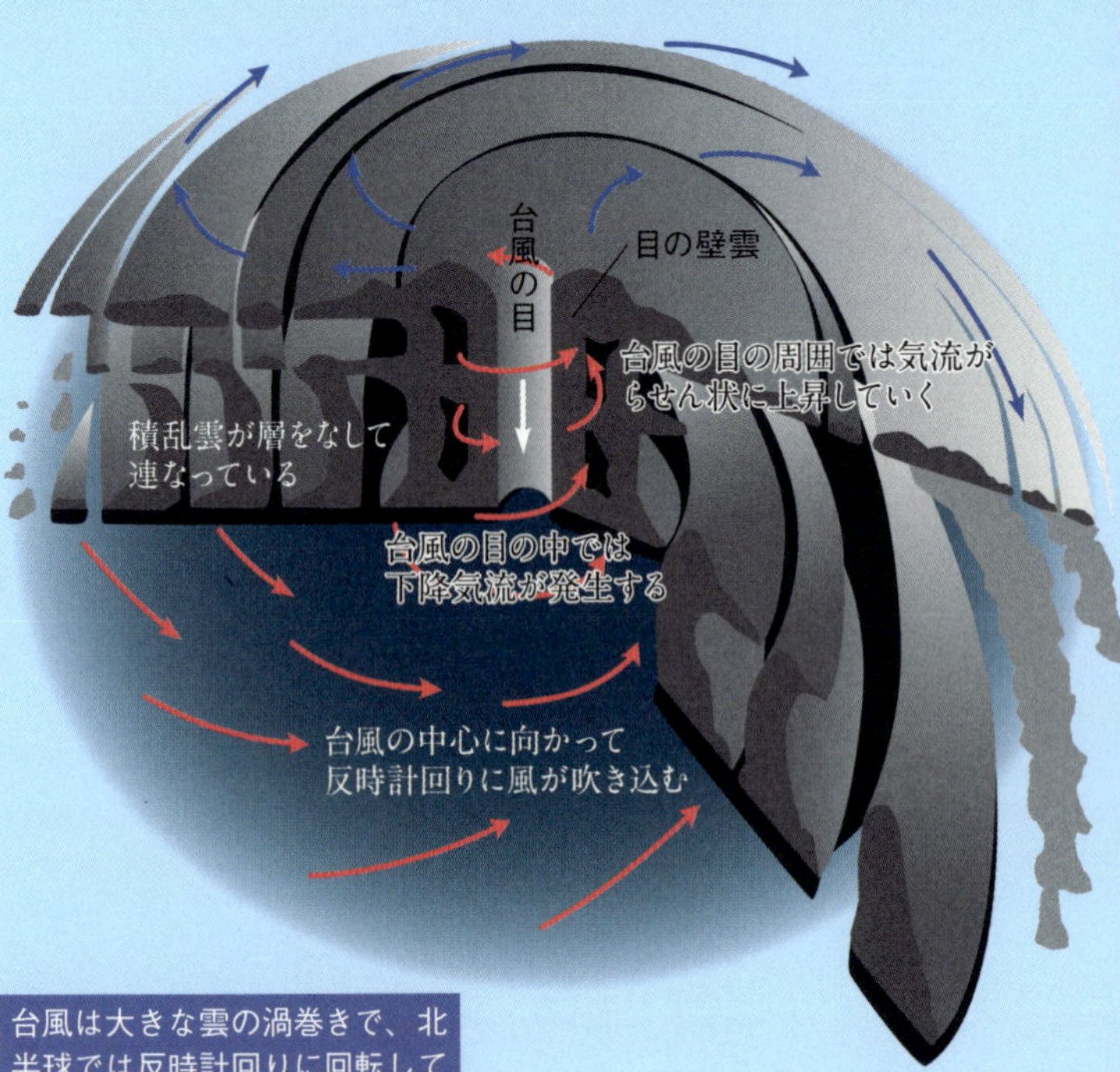

台風は大きな雲の渦巻きで、北半球では反時計回りに回転している。その中心はぽっかりと穴が開いたように雲がなく「台風の目」と呼ばれる。勢力の強い台風ほど、目の部分がはっきり目立つ傾向がある。

じつは台風とハリケーンは同じもの

台風、ハリケーン、サイクロン……これらはすべて、発達した熱帯低気圧を指している。地域によって呼び分けられているだけで、ハリケーンから台風に変わることもある。

熱帯の海上では積乱雲が次から次へと発生しており、これらが集結して、ひとつの大きな雲の塊となったものが熱帯低気圧だ。

積乱雲が発生するさい、水蒸気は自身がもっている熱を放出して雲粒となる。熱帯低気圧は、この熱をエネルギー源に発達していく。

気象庁HPより

2018年に西日本を襲った台風21号の降水レーダー

左の図では、台風の中心は徳島県付近にあり、中心付近は雨雲にすき間があって「台風の目」の様相を呈している。そして目の壁雲と呼ばれる活発な雨雲が、台風の目の回りを丸く取り囲んでいる。この雨雲は反時計回りに激しく渦を巻き、雲の下は外に出るのが危険なレベルの猛烈な暴風雨となった。

関東平野を丸ごと水浸しにしたカスリーン台風の記録

1947年9月14日から15日にかけ、房総半島をかすめるように通過した台風9号は、前線を刺激して関東を中心に記録的な大雨をもたらした。結果、利根川と荒川の堤防が決壊し、その水は東京都内にまで到達。未曾有の大規模水害となった。当時の浸水の高さは、電柱に赤いテープを巻きつけるかたちで記録として残されている。

雲のかたまりはやがて反時計回りに渦を巻きはじめ、中心の気圧が下がり、風も強まる。そして最大風速が17・2m以上になると台風の誕生となる。

海面水温が高ければ高いほど、海面から補給される水蒸気の量も多くなり、台風はそれをもとに発達していく。一般に、台風が勢力を維持・発達する目安は海面水温28℃以上といわれる。

台風は日本付近まで北上すると、北からの冷たい空気が中心へと引きずり込まれ、しだいに温帯低気圧へと性質が変化する。これを台風の温低化という。台風から温帯低気圧に変わると、一気に警戒態勢がゆるむ感があるが、油断は禁物。温低化によってできた温度差を解消しようと渦が強化され、むしろ強風の範囲は広がる傾向にある。

特別警報の基準とされる伊勢湾台風

2013年8月30日から運用がはじまった特別警報。重大な災害が起こる

国内史上最大の被害を出した、伊勢湾台風

1959年9月26日、和歌山県潮岬付近に上陸した台風15号。上陸時の中心気圧が929hPaと勢力が強く、広域で暴風が吹き荒れた。とくに、紀伊半島から伊勢湾にかけての沿岸では未曾有の高潮被害が発生し、国内史上最悪の台風被害をもたらしたため、「伊勢湾台風」として語り継がれることとなった。現在でも伊勢湾台風クラスを想定した災害対策が行なわれており、台風にともなう特別警報発表の指標にもなっているなど、日本の防災のありかたに大きく影響を与えている。

伊勢湾台風の天気図と影響

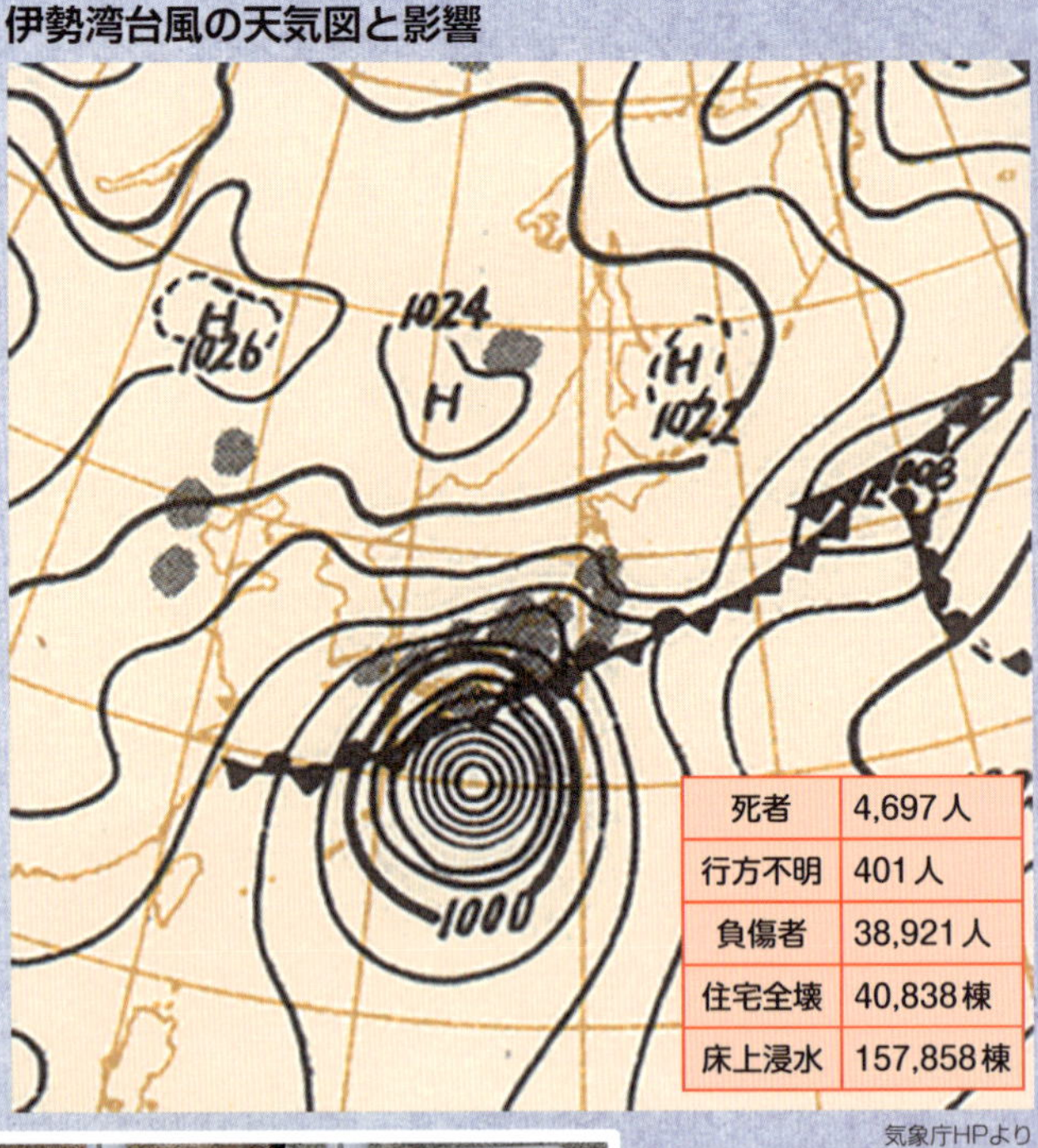

死者	4,697人
行方不明	401人
負傷者	38,921人
住宅全壊	40,838棟
床上浸水	157,858棟

気象庁HPより

記念館は、1階が備蓄倉庫、2階が展示室、3階が展望台となっている。

恐れが著しく高まったとき、最大級の警戒を呼びかける目的で発表される。「特別警報の発表」とは、数十年に一度あるかどうかという、多くの人がこれまでに経験したことのないような状況を示すサインだ。

その発表基準として、具体的な指標になっているのが伊勢湾台風である。

伊勢湾台風は、1959年9月26日に929ヘクトパスカルの中心気圧で和歌山県に上陸し、三重県と愛知県を中心に死者・行方不明者を5098人も出した。日本の台風史上最悪の被害となった。また、日本の防災体制の基礎となる「災害対策基本法」が制定されるきっかけにもなった。

ちなみに、日本の観測史上最強の台風は1934年9月の室戸台風（上陸時の中心気圧911・6ヘクトパスカル）。伊勢湾台風がこの室戸台風をも上回る凄惨な被害をもたらしたのは、未曾有の規模の高潮（36ページ）によるものだった。

準備　台風の接近は数日前から予測可能

突然起こる地震とは異なり、台風は数日前の段階から比較的正確に予想できる。風雨の中であわてて準備するのは危険で、みずから被災リスクを高めてしまう。実際にそれを原因とする被害が後を絶たない。そこで台風情報を活用し、早めの準備を行ないたい。

台風進路予想図は５日先までの台風の強さと進路を、時刻ごとに表わしたもの（強さの予測は２０１９年の３月より５日先に延長）。進路は７０％以上の確率で台風の中心が来ると予想される範囲を囲んだ予報円で表示される。

風速２５m/s 以上の暴風域をともなうと予想されるときは、台風の中心が予報円内を進むと暴風域に入る可能性がある範囲が暴風警戒域として赤い枠で囲まれるので注意したい。

台風進路予想図

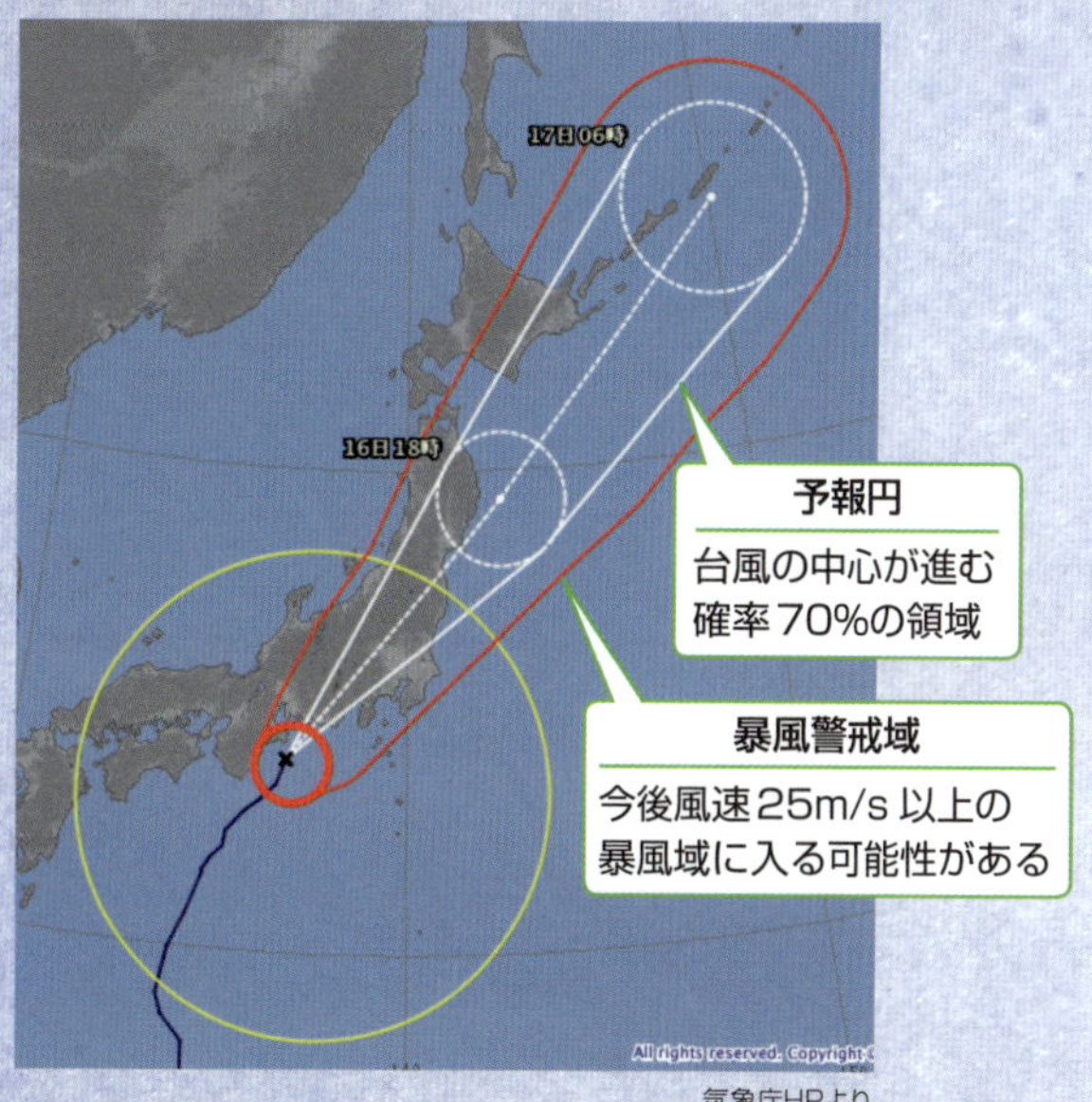

気象庁HPより

台風は予報円内のどこを進んでもおかしくない。予報円の中心を結んだ線は、ただの目安にすぎない。

対策　台風の個性に応じて、柔軟に対策を

台風接近時に警戒が必要なのは、大雨や暴風だけではない。多種多様な気象災害が同時多発的に発生し、不測の事態に陥りやすい。

また、台風はそれぞれに個性があり、警戒すべき点が毎回異なる。都市部や山間部、川の近くや海沿いなど、地域特有の警戒事項もある。

地域ごとの災害リスクは、事前に自治体などが作成しているハザードマップや啓発普及リーフレットが有効だ。非常用持ち出し袋とともに、手元に置いておこう。

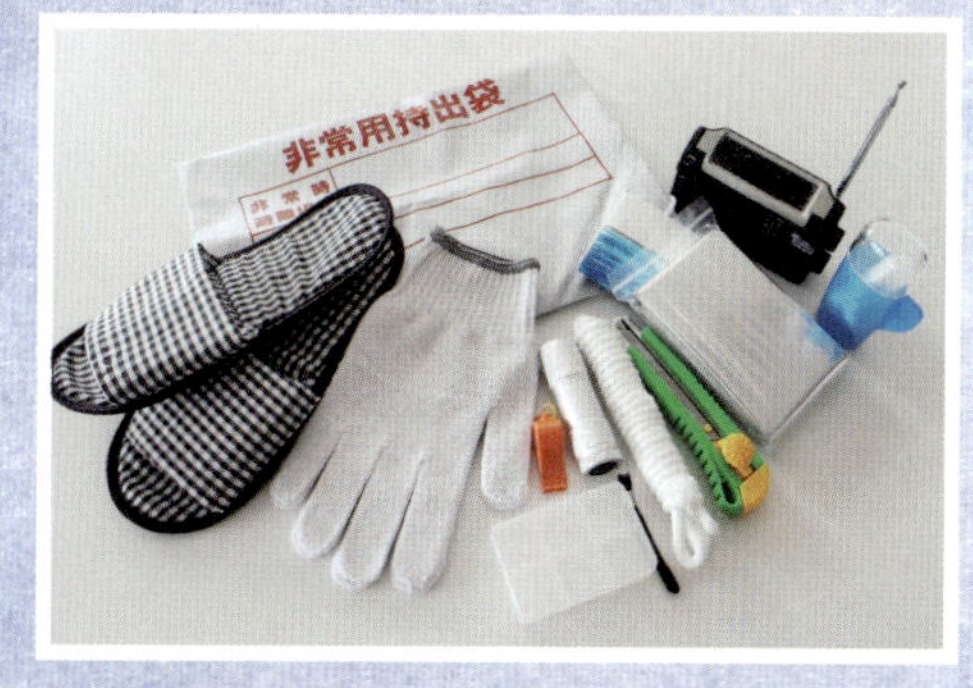

非常用持ち出し袋のイメージ。すぐに持ち出せる場所で保管をしたい。

台風接近時の防災注意事項

雨による災害	風による災害	積乱雲による災害	海に関係する災害
・大規模河川の氾濫 ・路面冠水・低地の浸水 ・土砂災害（がけ崩れ・土石流など）	・倒木・農作物の被害 ・交通機関の乱れ ・停電 ・建物の損壊など	・天気急変 ・急な強い雨 ・竜巻などの突風 ・落雷など	・高波・うねり ・高潮による浸水 ・暴風と波しぶきによる塩害など

台風接近時は、ありとあらゆる気象災害が発生しうる。

豪雪のメカニズム

日本海側と太平洋側で事情が異なる

最深積雪（国内）
1927年伊吹山

日本海側に雪雲が次々とかかる

シベリア高気圧

寒気が流れ込む

冬は北西の風とともに、シベリアのほうから次々と寒気が流れ込む。寒気は日本海を吹き抜けるさいに、海面からの熱と水蒸気の補給を受けながら雪雲をつくる。雪雲は風とともに日本海側の陸地にも押し寄せ、雪を降らせる。

日本海側にドカ雪をもたらすJPCZ

日本付近の冬の天気図は、西に高気圧・東に低気圧があり、その間に等圧線が何本も縦じまに並ぶ「冬型の気圧配置」となる日が目立つ。北西の季節風はシベリアから寒気を連れてくるため、日本海側では雪が降る。

寒気は大陸から日本海を渡るときに、海面から熱と水蒸気の補給を受ける。その結果、上は冷たいままだが、下はしだいに暖められていく。

上下の温度差が拡大すると、それを解消しようと対流が起こり、上に向かう流れの部分に雪雲ができる。この雪

日本の歴史に残る三八豪雪の爪痕

1962年12月から1963年2月にかけて、北陸地方を中心に未曾有の豪雪となった。写真は最深積雪318cmを記録した新潟県長岡市の様子である。交通網は完全に寸断され、集落は孤立し、多くの建物が雪の重みで倒壊した。死者・行方不明者231人、住家の全壊、半壊は、合わせて1735棟となった。このときの豪雪は、通称三八豪雪と呼ばれている。

一夜にして雪に閉ざされた鳥取県山間部では車の立ち往生が相次ぐ

2017年1月22日から24日にかけて、冬型の気圧配置が強まり、上空に強い寒気が流れこんだ影響で、鳥取県を中心に記録的な大雪となった。とくに23日から24日にかけては雪が強まり、一晩で1m以上の雪が積もったところもあった。そのため山間部を走る道路を中心に車の立ち往生が相次ぎ、10時間以上身動きが取れない状態に陥った車も多かった。

朝日新聞社提供

雲が風に乗って陸地に流れ込み、日本海側で雪を降らせるのだ。

日本海側での大雪となる目安は高度5400m付近でマイナス36℃以下の寒気とされ、寒気が強いほど雪雲は発達する傾向にある。

北西の季節風は大陸側の山岳にぶつかると、山を迂回するように左右に分かれて流れ、最終的に風下側でぶつかる。これがJPCZ（日本海寒気団収束帯）だ。この風のぶつかりによって上昇気流ができ、ひときわ活発な雪雲の帯となる。これが陸に到達すると、一夜にしてドカ雪を降らせる。

2017年に鳥取県、2018年に福井県で、記録的な大雪となった。いずれもJPCZが関係している。

秩父で約1mの雪が積もった！

2014年2月、関東甲信で「今までに経験したことのないような」大雪となった。最深積雪は甲府114cm、

太平洋側に大雪をもたらす南岸低気圧

2014年2月14日から15日にかけて、熊谷や前橋で50cm以上の積雪となるなど、関東甲信地方を中心に異例の大雪となった。右の図は当時の地上天気図である。本州の南岸を低気圧が進むときは、太平洋側で大雪となる可能性がある。ふだん雪が降らないため、雪の備えには注意が必要だ。

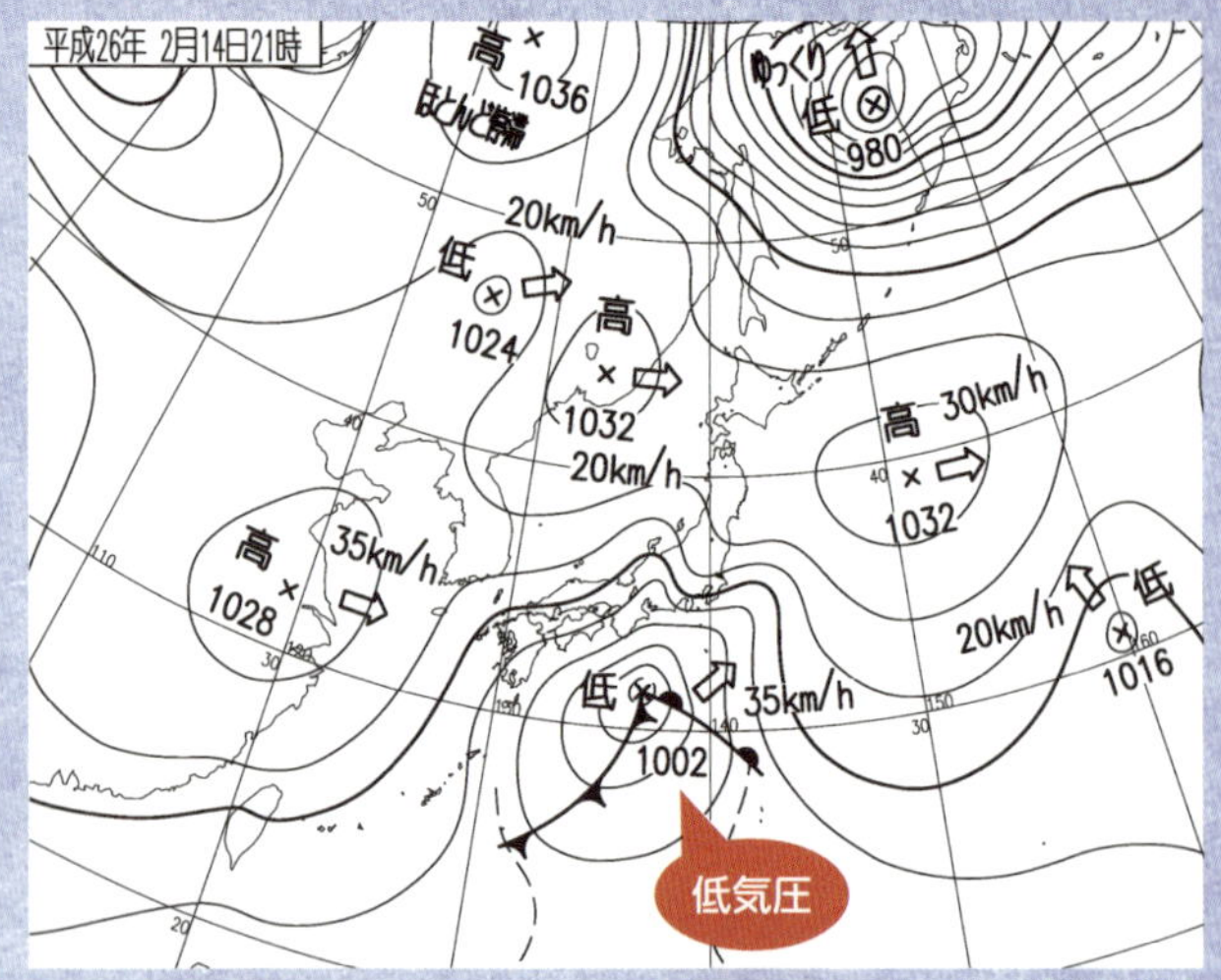

気象庁HPより

気象庁HPより

ドカ雪の原因となる太い雪雲の帯

左の気象衛星の画像は2018年2月、福井で記録的な大雪となったときのもの。日本海に太い雪雲の帯があり、それが福井周辺にかかっている。これは大陸側にある背の高い山々を迂回した風が、風下側でぶつかった結果できた活発な雪雲の帯だ。

秩父98cm、前橋73cm、熊谷62cmなどと、雪の少ない関東平野でも積雪が50cmを超えた。

この事例もそうだったが、太平洋側の大雪は、本州の南岸沿いに進む低気圧の「南岸低気圧」によってもたらされる。低気圧の中心に向かって冷たい北風が吹いて気温がぐんと下がったところに、雲が通過して雪を降らせるからだ。

一般に高度1500m付近の気温がマイナス3℃以下になると、雪になる可能性が高くなる。

低気圧はすぐに通過するため、雪の継続時間は長くても24時間程度。しかし強く降り、一気に10cm以上積もることもめずらしくない。

太平洋側の地域の多くがもともと積雪を前提とした生活ではないため、この「急変」が不意打ちとなり、社会的混乱を引き起こしがちである。

準備　停電や断水に備え、早めの備蓄を

大雪時の外出は困難を極める。また、停電や断水といったライフラインへの影響も考慮して、地震や台風と同様の備えは必要である。暖房器具が使えなくなる恐れもあるため、防寒具やカイロなども用意しておくと良い。

また2018年12月14日からは、大雪による立ち往生など、大規模交通支障への対策として、チェーン規制が導入された区間もあった。

大雪特別警報発表や「大雪に対する緊急発表」が行なわれるような異常事態に限られるが、チェーン規制実施時は、スタッドレスタイヤであってもタイヤチェーンを装着しなければならない。冬季に指定区間を通行する可能性がある場合は、あらかじめタイヤチェーンを車に積んでおく必要がある。

カイロや毛布も用意しておきたい。

チェーン規制指定区間を通行するときは、スタッドレスタイヤを履かせていてもチェーンを携行しよう。

対策　不要不急の外出は控えよう

カンパンや水などの非常食を携行すると安心だ。

タイルやマンホール、鉄板の上などは、シャーベット状になった雪が薄く積もると非常にすべるので気をつけよう。

大雪のときもっとも気をつけたいのが外出時のトラブル。スリップ事故や転倒はもちろん、運転中に立ち往生や公共交通機関の突然の運休に巻き込まれると、帰宅困難になる恐れがある。不要不急の外出は避けるのが賢明だ。やむを得ない場合は、水や非常食などを携行すると安心かもしれない。

ふだん雪の少ない地域では、わずかな積雪でも大混乱に陥りがちだ。インフラの事情もあるが、雪質の問題もある。南岸低気圧による雪はいわゆる「べた雪」で、水分を多く含む。路面に薄く積もると非常にすべりやすいうえに、一夜にして凍結してしまう。

歩幅を小さくしてペンギンのように歩くと転びにくくなる。靴底に装着するすべり止めもあるので、それを使うのも手だろう。

竜巻のメカニズム

家がバラバラに壊れ、車は宙を舞う

史上最強の竜巻(国内)
2012年茨城県常総市ほか

発達した積乱雲が竜巻を引き起こす

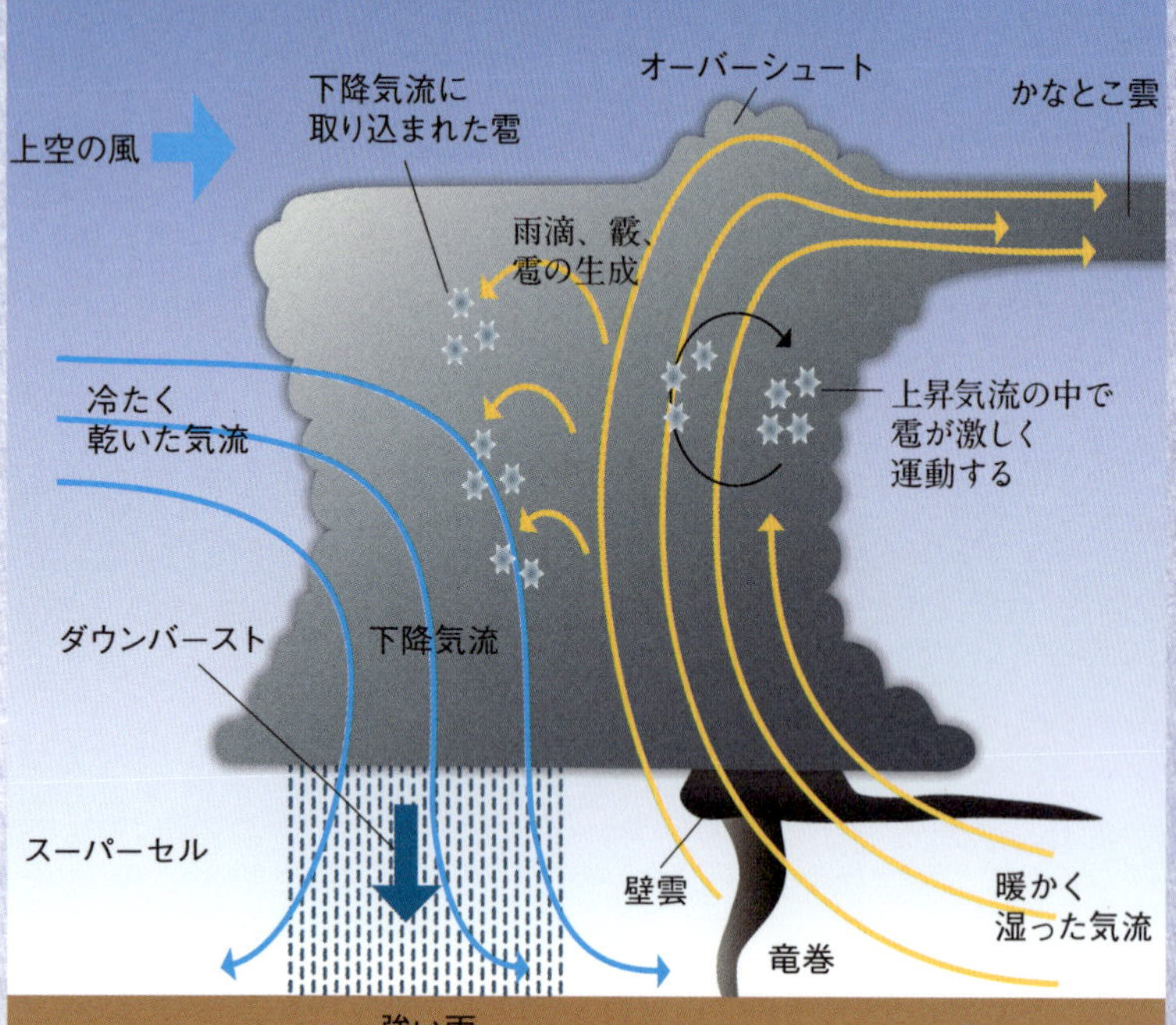

竜巻は、発達した積乱雲内にできる、メソサイクロンという回転の軸に相当する部分から発生しやすい。オーバーシュートや壁雲は、メソサイクロンの存在を示すものなので、これらが見える場合は、竜巻に備えて早めに頑丈な建物内へ避難しよう。

発達した積乱雲が竜巻を引き起こす

発達した積乱雲が近づくと、激しい突風に見舞われることがある。この突風を引き起こす現象にはいくつかの種類があり、竜巻はその代表である。

竜巻は非常に激しい風の渦巻で、雲の底からのびる紐のような黒雲(漏斗雲)が、地面に到達する様子がはっきりと見える。その影響を受ける範囲は、幅が数十〜数百m程度、長さは数km程度とかなりピンポイントだ。

その破壊力は強力で、大木は根こそぎ引き抜かれ、住宅はバラバラに飛び散り、車が宙を舞うほどである。

皿形でゆっくり回転するタイプの積乱雲は竜巻ができやすい

2018年8月26日に栃木県栃木市で発生した積乱雲の様子。積乱雲全体がゆるやかに回転し、雲はねじれて、底部は皿形になっていた。こういうふうに皿形でゆっくり回転するタイプの積乱雲は、高確率で竜巻を引き起こすため、危険な雲として知っておきたい。

埼玉県内で発生した竜巻の様子

2013年9月2日14時ごろ、さいたま市で発生した竜巻は、30分かけてゆっくりと北東方向に進み、千葉県野田市などを通って茨城県坂東市で消滅。各地に大きな爪痕を残した。右の写真はそのときの竜巻をやや離れた位置から写したものである。竜巻は遠くからでも、雲の底から垂れ下がる「漏斗状の雲」として目視できる。もし近づいてくる兆候がある場合は、すみやかに頑丈な建物に避難しよう。

そのメカニズムはまだ不明な点も多いが、スーパーセルと呼ばれる特殊なタイプの積乱雲が関係していることが多い。

典型的なスーパーセルは、外観が皿型で、全体がゆるやかに回転している。そして、メソサイクロンという回転の軸となるような部分がある。竜巻はこのメソサイクロンから発生する。

スーパーセル以外の積乱雲から竜巻が発生することもあるが、そのメカニズムはまた異なる。

予報技術が大きく進歩した現代でも、竜巻の原因となる発達した積乱雲が何時にどこで発生するか、細かく予測はできない。とはいえ、注意が必要な気象条件になるかどうかの予測は可能だ。

藤田スケールで表わされる竜巻の強さ

竜巻の強さを表わすのに使われるのが藤田スケール（Fスケール）だ。現

竜巻発生件数のピークは9月

1991年から2017年にかけて国内で確認された458件の竜巻を月別に集計したのが右のグラフだ。これによると、とくに件数が多いのは夏から秋にかけてで、9月が突出している。竜巻の原因となる積乱雲が発生しやすいからというのが理由のひとつだろう。また9月は台風シーズンである。台風接近時は竜巻が発生しやすい気象条件となるため、それも関係しているのだろう。

竜巻月別確認件数（1991～2017年）

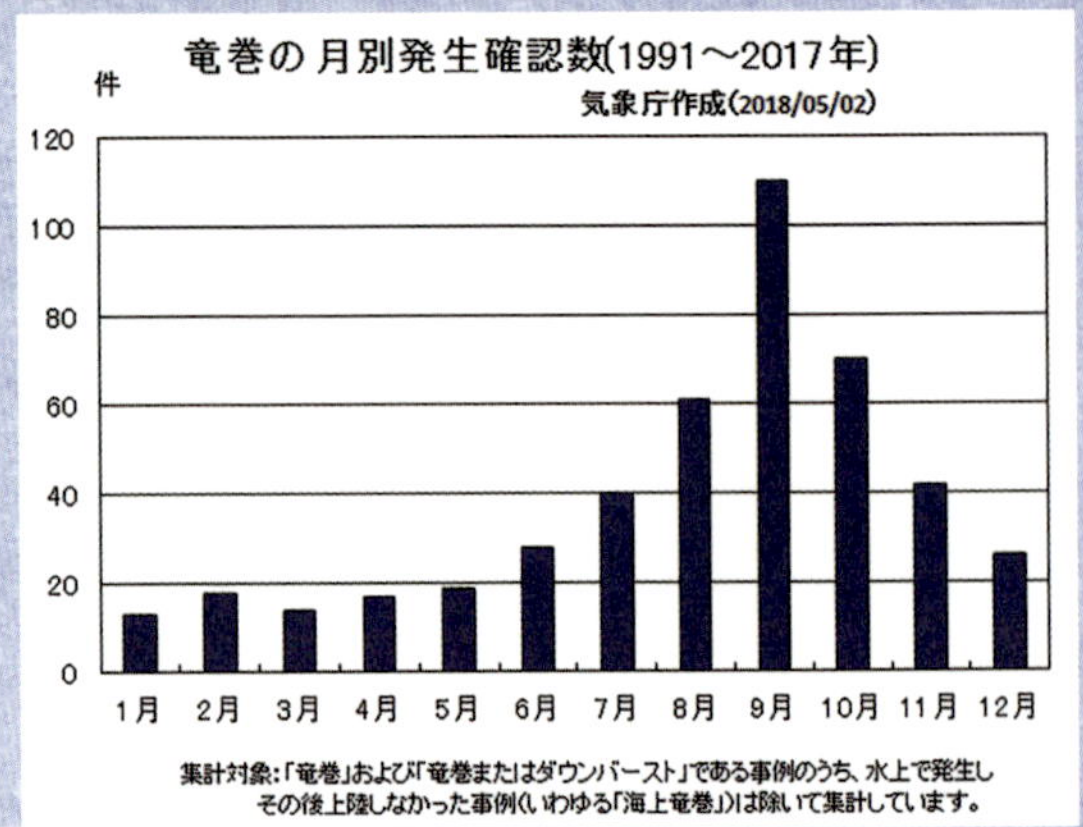

気象庁HPより

気象庁HPより

竜巻は全国どこでも発生する

竜巻などの激しい突風は、北海道から沖縄までどこでも発生する可能性があるが、とくに沿岸部や平野部で目立つ傾向がある。原因のひとつとして、広い平野や海上のようなフラットな場所は、地面との摩擦の影響が比較的小さいことが関係しているのだろう。

地の被害状況から、だいたいの風速を推定できるようにしたもので、1971年に藤田哲也博士がアメリカで考案した。

藤田スケールでは、竜巻の強さをF0〜F5の6段階で示す。最強クラスのF5は、人の住んでいる家が跡形もなくなり、列車や自動車がはるか遠くまで吹き飛ばされてしまう。風速（約3秒間の平均値）は117〜142mにも達する。

アメリカのトルネードは日本の竜巻とは比較にならないくらい強烈で、F5も発生する。1925年3月18日のトルネードは犠牲者695人にのぼり、史上最悪の被害をもたらした。

日本ではF4〜F5に相当する竜巻はいまのところ観測されていない。直近では、2012年5月6日12時35分ごろに茨城県常総市で発生した竜巻が国内史上最強クラスのF3だった。

準備　気象情報のキーワードに耳を傾ける

竜巻の原因となる積乱雲は、大気の状態が不安定になると、発生・発達しやすい。ふだん見聞きする気象情報の中で、そういう状態が予想されるときに登場するキーワードがある。それは、「上空に寒気」「寒冷前線の通過」「台風の接近」「天気の急変」「にわか雨や雷雨」などである。

そして、実際に積乱雲が発生しやすい気象状況になると発表されるのが雷注意報だ。名前は雷だが、雹（ひょう）や激しい突風といった現象も対象としている。

さらに事態が切迫し、竜巻などの激しい突風がいつ発生してもおかしくない状況となったときに発表されるのが、竜巻注意情報だ。情報の有効期間は約１時間だが、注意の必要な状況が解消されるまで何度も発表される。

積乱雲発生の情報

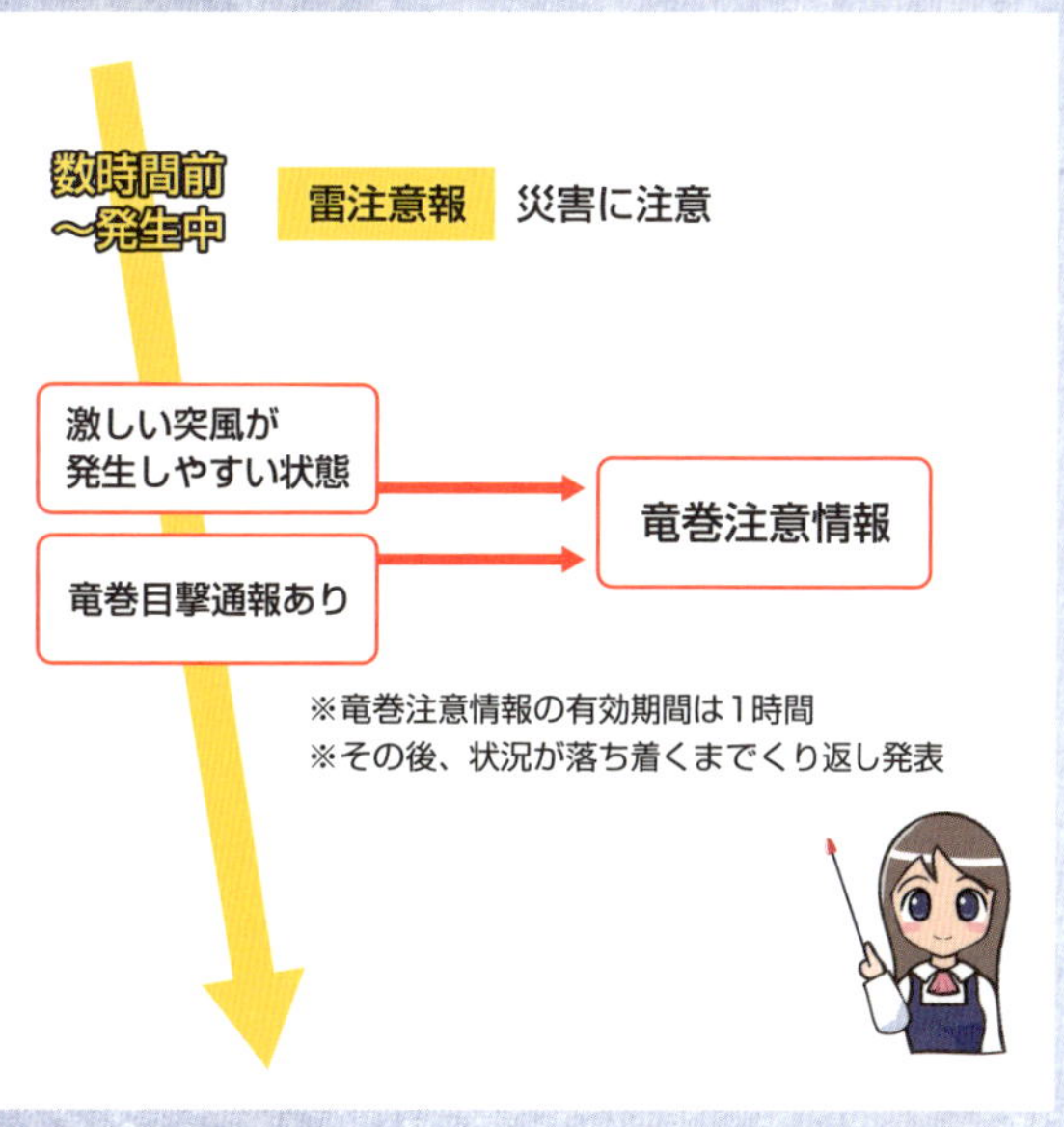

竜巻注意情報が発表されたら、空模様の変化に注意をしよう。

対策　空の変化に注意して頑丈な建物の中へ

上は壁雲、下はアーチ雲。どちらも危険な突風の前触れ。

雷注意報や竜巻注意情報が出ている期間は、外の様子をこまめに確認し、発達した積乱雲が近づく兆しをいち早く察知しよう。空が急に暗くなり冷たい風が吹きはじめたら、雷鳴が聞こえなくとも要注意だ。

雲の底がお椀やスカートのように一段低くなった場所（壁雲）にはメソサイクロンがあり、そこから竜巻が発生する可能性がある。

また、堤防のような黒雲の帯（アーチ雲）は、頭上通過時にガストフロントという種類の突風をともなう。もしこれらの予兆があったら、すみやかに頑丈な建物の中に入ろう。

とくに壁雲やアーチ雲が見えるときはカーテンを閉め、窓から離れた場所に身を置く。そうすることで、万一ガラスが割れても破片による負傷のリスクを下げられる。

異常気象の定義

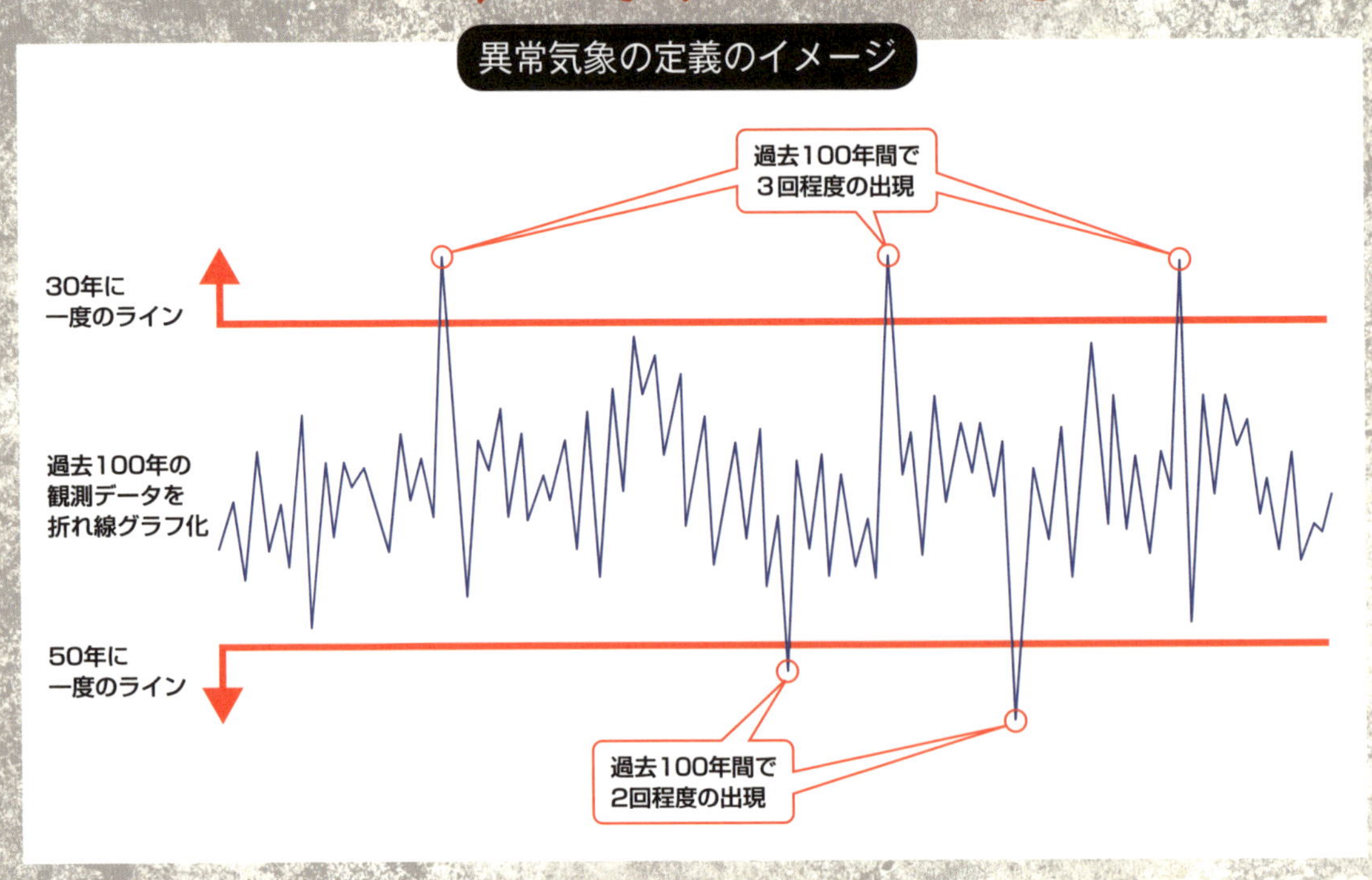

大きな自然災害が目立つようになった昨今、異常気象という言葉は日常会話の中にもすっかり定着した。会話の流れで使われる場合は、インパクトの強い現象全般を指す傾向があり、本書もそれに準じた部分がある。

ただ本当はそういう意味で使う用語ではないため、ここで異常気象の正しい定義についてふれておきたい。

気象庁によると、異常気象は「一般に、過去に経験した現象から大きく外れた現象または状態のこと」を指す。そして実際に異常気象に該当するかを判断する目安を「30年間に1回以下の出現率」と定めている。

気象は自然現象であるため、年によって振れ幅がある。そのため、過去のデータをグラフにすると、地震波形のようにギザギザになる。その中でもとくに振れ幅の大きい部分を、過去100年でどのくらいの頻度で出現しているかを示したものが「○年に1回」である。

「30年に1回」の場合、30年間生きてようやく1回経験するかどうか、という状態だ。つまりどれだけインパクトが強くても、数年に1度はあるような状態であれば、異常気象ではない。

もし気象庁が異常気象と認めた場合は、ふだん使いの異常気象とは比較にならない重大事態だといえる。

Part 2 気になる身近な大気現象

雹のメカニズム

大きな氷の粒が叩きつけるように降ってくる

過去最大の雹（アメリカ）
2010年サウスダコタ州

直径約20cm

強い上昇気流が雹を大きく育てる

雹は発達した積乱雲が降らせる大きな氷の粒だ。大きさは直径5㎜以上と定義されており、それより小さいものは「霰（あられ）」という。普通は直径1〜2㎝程度だが、ゴルフボール大やみかん大のものが降る可能性もある。

ビニールハウスなどの農業設備は、大量の小石を勢いよく叩きつけられたように穴だらけになり、農作物の被害は深刻だ。家の窓ガラスも割れてしまうこともある。

ではどうして、雲の中でこんなに大きな氷の粒ができるのだろうか。それ

雹ができるのも積乱雲の中

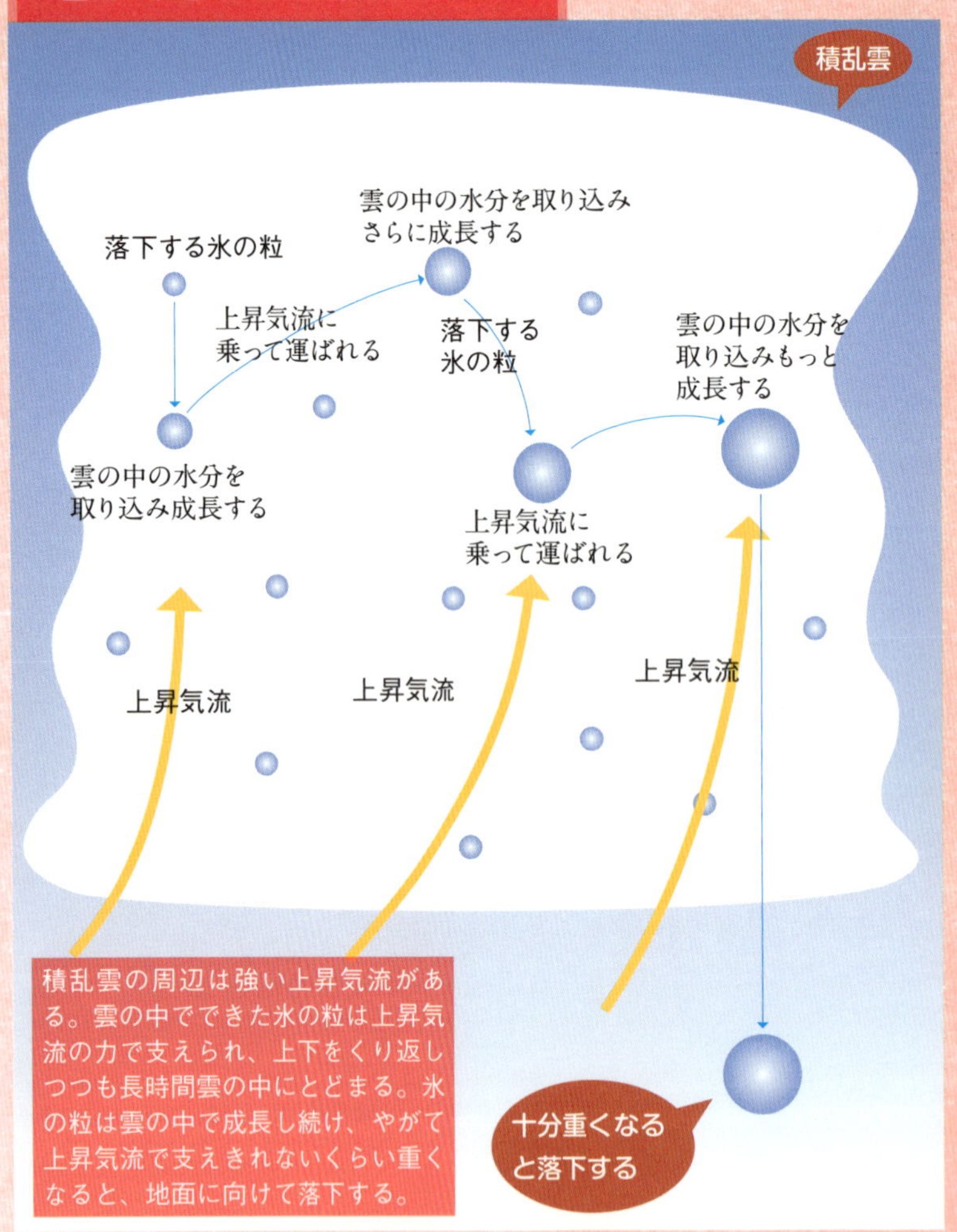

積乱雲の周辺は強い上昇気流がある。雲の中でできた氷の粒は上昇気流の力で支えられ、上下をくり返しつつも長時間雲の中にとどまる。氷の粒は雲の中で成長し続け、やがて上昇気流で支えきれないくらい重くなると、地面に向けて落下する。

小さめの雹でも農業被害は深刻……

車や建物が激しく壊れ、重大な人的被害を引き起こす可能性もある。小さい雹でも、出荷予定の農作物に穴をあけてしまうなど、農業分野では億単位の損害が出てしまうこともめずらしくない。農作物じたいが雹で傷んでしまうほか、ビニールハウスなどの簡易的な農業設備は損傷しやすい。

雹の粒は球形または円錐形

氷の粒が、上昇・下降をくり返しながらも雲の中に長くとどまって、周囲の水分を取り込みながら、大きく成長したものが雹である。雹は全体的に白っぽい色で、断面はまるで年輪のように同心円状の模様ができていることが多い。ふつうは球形だが、まれに写真のような円錐形（えんすいけい）となることもある。

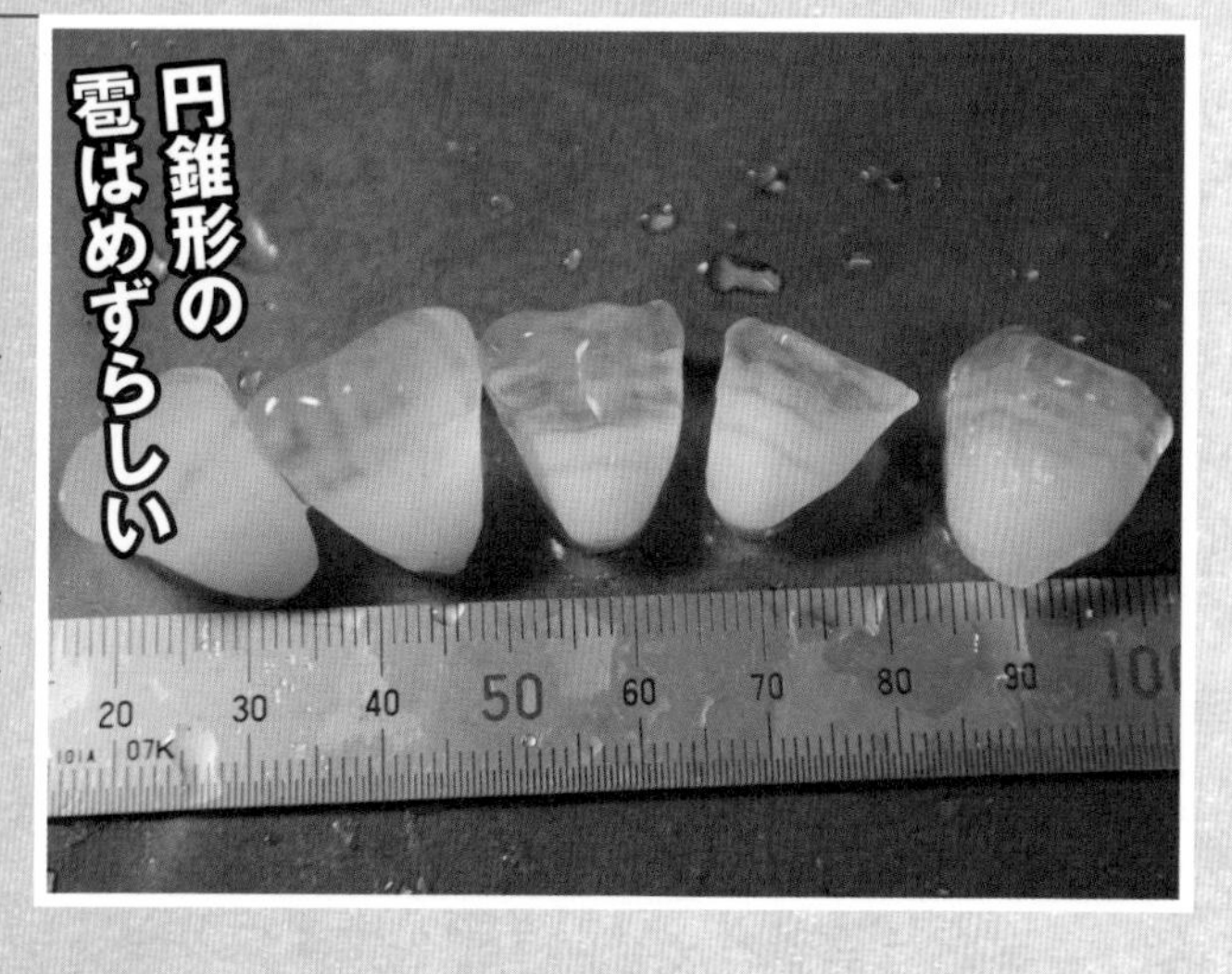

は積乱雲を生みだす原動力にもなっている、強い上昇気流が関係している。

雲の中でできた小さな氷の粒（霰）は、周辺に浮かぶ微細な水滴を取り込みながら大きくなっていく。

氷の粒はある程度の大きさになるとそのまま地面へと落下するが、積乱雲の場合、下から上へと向かう風、つまり上昇気流が強い。上昇気流で何度も持ちあげられるため、上下をくり返しつつも雲の中に長くとどまって、その間も水滴を取り込んでさらに大きくなっていく。

最終的に上昇気流でも支えきれないくらい大きくなり、地面へと落ちてくる。これが雹である。

雹の被害がとくに集中するのは、5～6月ごろだ。この時期は地上気温がさほど高くないため、雹が落下途中で融けきらないまま地表に到達しがちだからだ。夏は高温により融けるため、大粒の雨となって地上に降る。

落雷のメカニズム

打たれる確率は宝くじの1等当選よりも低いというが……

1回の雷で消費される電気エネルギー（平均）

400kW/時

雲の中で氷の粒が激しくぶつかり合う

雷のエネルギーのもとは、積乱雲内で氷晶と氷の粒が激しくぶつかり合うことで発生する静電気だ。氷晶がプラスに、霰がマイナスに帯電することが多いが、どちらの電気を帯びるかは気温などの条件に左右される。

木の下での雨宿りは命取りになるほど危険

雲の中で唯一、発雷能力をもつのが積乱雲だ。

積乱雲の中では、水蒸気をたっぷり含んだ空気が強い上昇気流とともに一気に空高く吹き上げられている。これがマイナス20℃以下の高度にまで到達すると、大量の霰ができる。霰や氷晶（微細な氷の結晶）が激しくぶつかりあうことで、雷のもととなる静電気が雲の中に蓄積されていく。

空気は電気を通さない絶縁体だが、静電気のエネルギーが限界までたまり、非常に高い電圧がかかると、瞬間

夏に起こる落雷の90%は、負帯電リーダー下降型

放電の道筋が下向きか上向きか、また放電にともなって移動する電荷がプラスとマイナスのどちらか……これらによって落雷のタイプは分類される。夏に発生する落雷の9割がたが、雲の中に蓄積されたマイナスの電荷が地表に向かって下向きに移動するパターン（負帯電リーダー下降型という）である。

木や電柱からは4m以上は離れよう

雷は金属の有無にかかわらず、高いところに落ちる性質がある。樹木や電柱は雷が落ちやすい地上のものの筆頭で、万一落雷が起きるとそのエネルギーは近くにいる人間にも伝わる（側撃雷）。これが原因で命を落とす人が毎年後を絶たない。雷雨時はこれらから4m以上は離れ、姿勢を低くしてすみやかに車や建物の中に避難しよう。

側撃雷に注意

的に電気が流れる。これが雷で、このときに発生する大きな音を雷鳴、激しい光を電光と呼ぶ。電気の流れた道筋がはっきりと見えることも多い。

雲と地上のものとの間で起きた放電を対地放電といい、一般には「落雷」や「雷が落ちた」と表現される。一方で雲の中や空気中で完結する放電を「雲放電」という。

かつては雷が鳴ったら身に付けている金属を外せといわれたが、これは誤り。金属の有無にかかわらず雷は高いところに落ちるからだ。

また雷雨時、雨宿りで木の下に入るのは絶対にダメ。木は雷が落ちやすく、そのエネルギーが木の近くにいる人にも伝わって、命取りとなるからだ。

雷鳴の聞こえる範囲は約15㎞。音が聞こえた段階で、すでにいつ雷が落ちてもおかしくない状況下にある。木や電柱などの高いものから離れ、姿勢を低くしながら、すみやかに車や建物の中に移動しよう。

梅雨のメカニズム

本格的な夏が来る前に1カ月ほど続く

関東甲信地方の梅雨日数(平均)
1981年~2010年の平均値

44日間

オホーツク海高気圧VS太平洋高気圧

梅雨は中国から渡来した言葉で、梅の実が熟すころに降る雨を指す。梅雨という言葉が浸透する前の日本では、旧暦5月（現在の6月ごろ）の長雨という意味で五月雨（さみだれ）と呼ばれた。

梅雨期の天気図の主役である梅雨前線は、オホーツク海高気圧からの北東風と、太平洋高気圧からの南西風がぶつかりあってできる。

6月初旬から7月頭にかけては、両者の勢力が拮抗するため、梅雨前線はあまり動かず、それにともなう雨雲も同じようなところにかかり続ける。雨

日本の太平洋岸に梅雨前線が停滞する

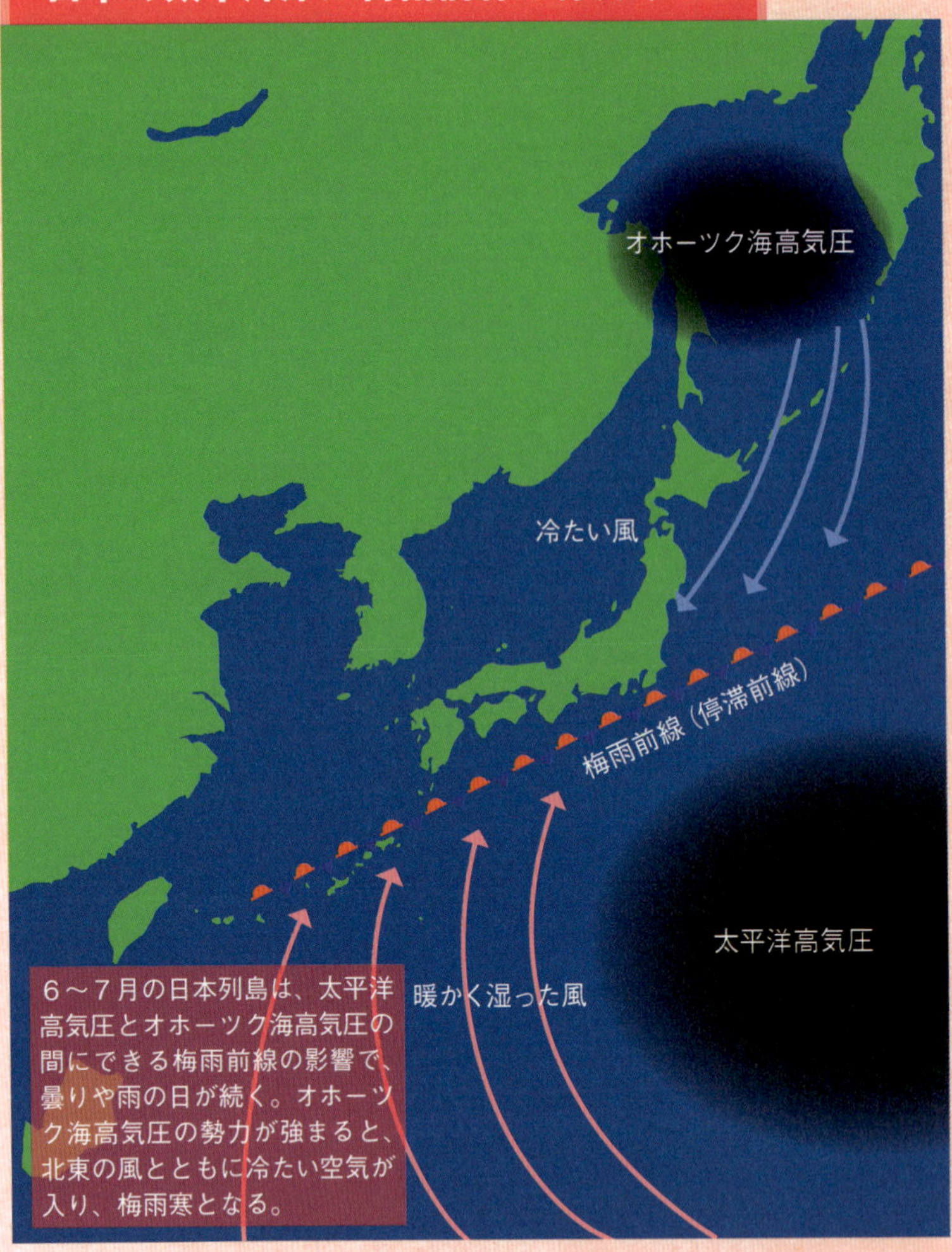

6～7月の日本列島は、太平洋高気圧とオホーツク海高気圧の間にできる梅雨前線の影響で、曇りや雨の日が続く。オホーツク海高気圧の勢力が強まると、北東の風とともに冷たい空気が入り、梅雨寒となる。

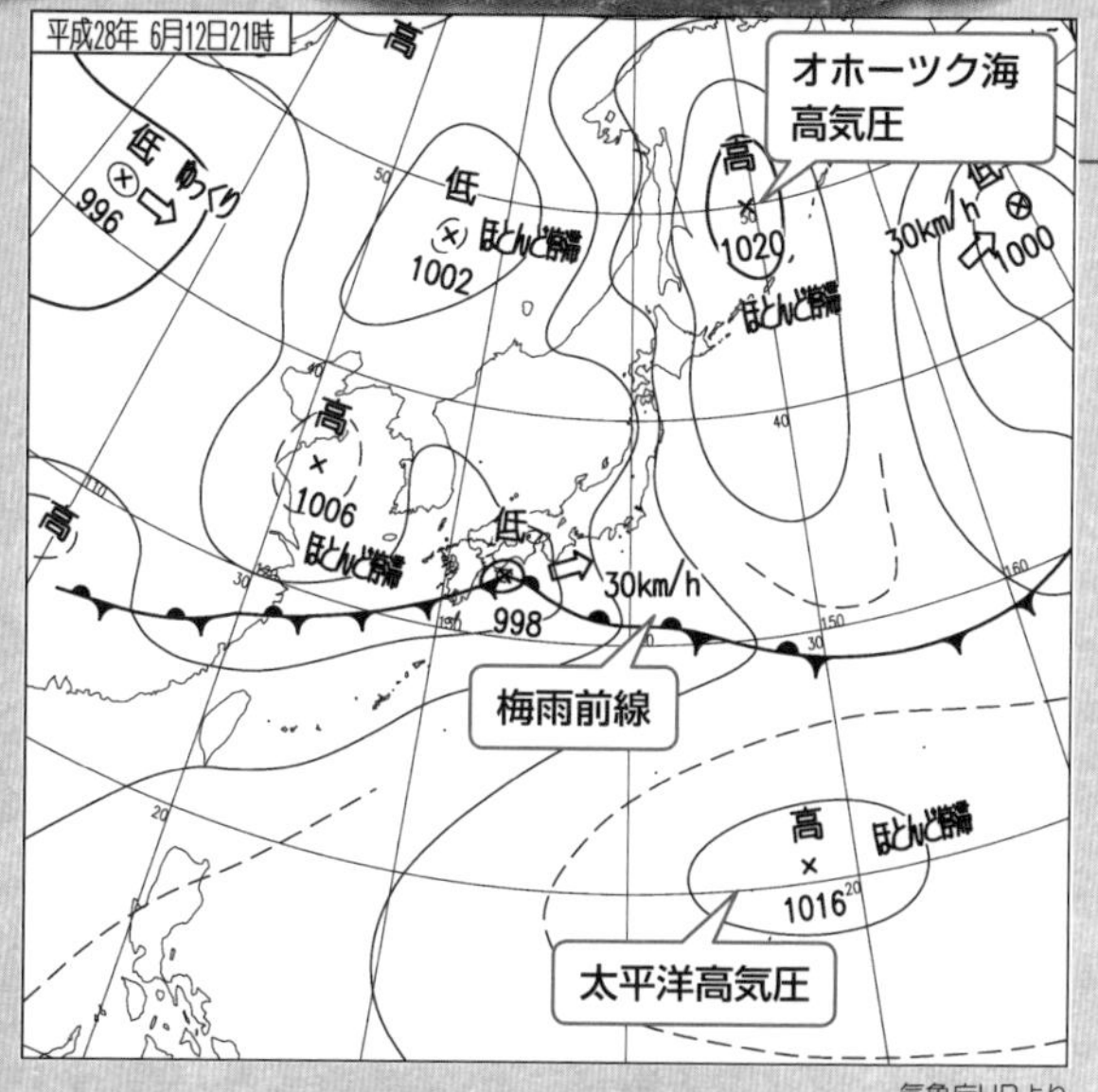

気象庁HPより

梅雨入りのころの日本の天気図

順に各地から梅雨入りの便りが届きはじめるころの様子。日本のはるか南海上に太平洋高気圧の姿が見え隠れするようになり、オホーツク海高気圧との間に梅雨前線ができる。この時期の太平洋高気圧はまだ弱く、オホーツク海高気圧の勢力と拮抗するため、梅雨前線が同じような場所に停滞し続ける。

梅雨の後半に典型的な気圧配置のパターン

梅雨の後半になると、太平洋高気圧の勢力がしだいに強まってくる。それにともなって梅雨前線の位置もやや北にずれ、本州上〜日本海に達することも。また、太平洋高気圧の縁をまわるように、南から暖かく湿った空気が次々と流れ込むため、集中豪雨が起こりやすくなる。

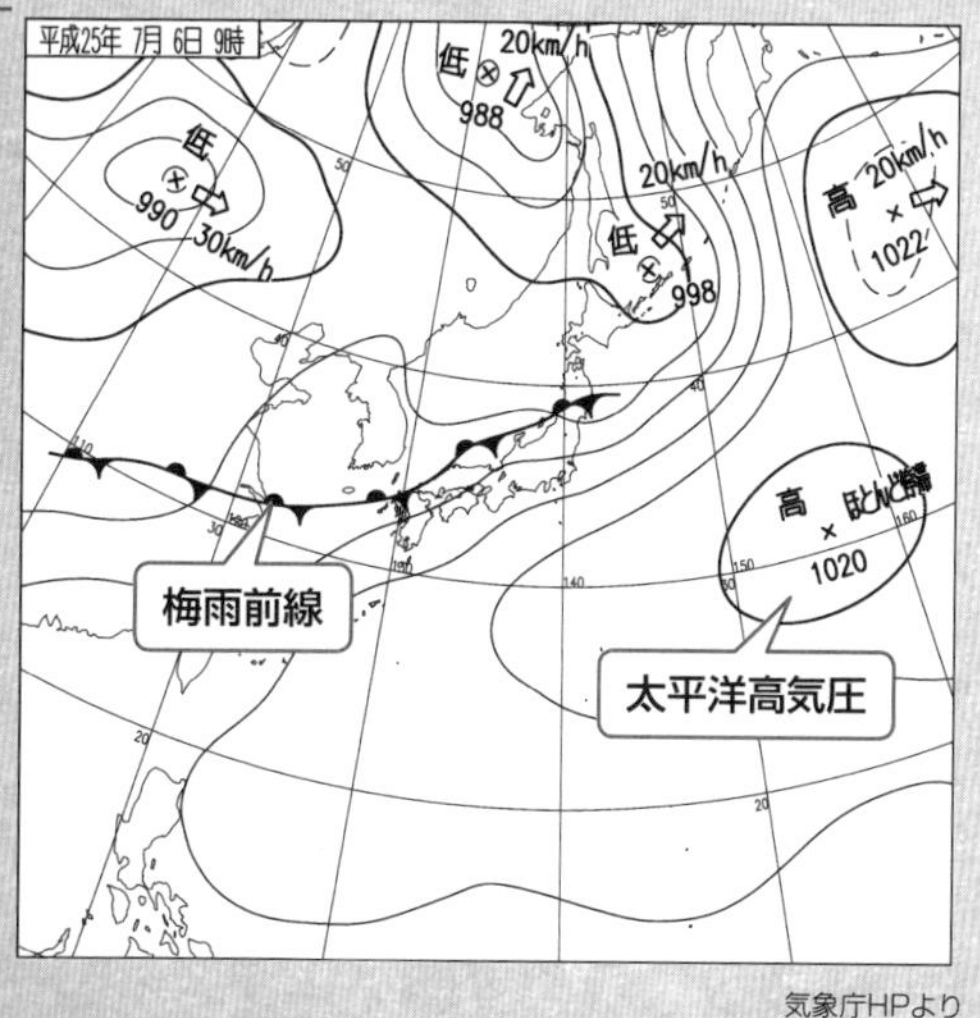

気象庁HPより

が続くのはそのためだ。

そして防災上、とくに注意が必要な期間は梅雨の後半だ。しだいに勢力を強める太平洋高気圧の縁に沿って、南から暖かく湿った空気が北上して次々と流れ込む。これが雨雲を発達させて、集中豪雨の引き金となりやすい。

ここに台風や上空の寒気が接近すると、大気の状態は非常に不安定となり、豪雨に加え、落雷や雹、竜巻などの激しい大気現象も起こりやすくなる。

最終的には太平洋高気圧が優勢となり、梅雨前線は北へと押し上げられたり衰弱したりして、天気図上からは姿を消す。こうなるのが「梅雨明け」で、本格的な夏の幕開けとなる。

なお、北海道には梅雨がないといわれる。ただ年によっては長雨が続くこともあり、蝦夷梅雨と呼ばれる。また沖縄の梅雨の期間はひと足早く、5月初旬から6月下旬ごろだ。

高潮のメカニズム

気象津波の異名をもつ、じつはとても危険な現象

最大潮位偏差（国内）
1959年愛知県名古屋市

複数の要因が積み重なって高潮に

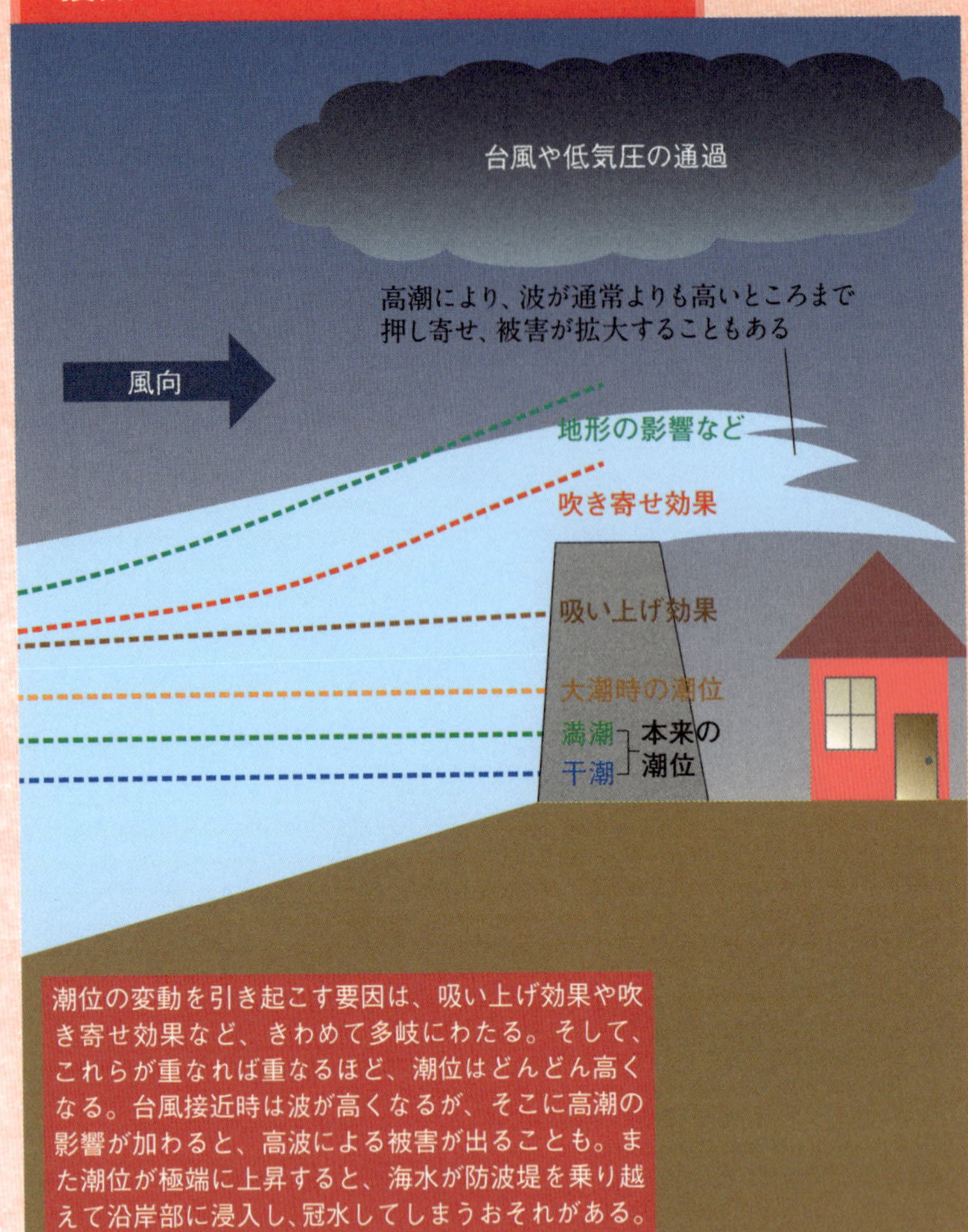

潮位の変動を引き起こす要因は、吸い上げ効果や吹き寄せ効果など、きわめて多岐にわたる。そして、これらが重なれば重なるほど、潮位はどんどん高くなる。台風接近時は波が高くなるが、そこに高潮の影響が加わると、高波による被害が出ることも。また潮位が極端に上昇すると、海水が防波堤を乗り越えて沿岸部に浸入し、冠水してしまうおそれがある。

台風や低気圧の接近時は要注意

月の引力などの天文学的な理由から、海は平常時でも潮の満ち干をくり返している。

潮位の変動幅は日や場所によって異なるが、朔（新月）や望（満月）の前後はとくに大きくなる。これが大潮で、満潮時の海面もふだんより高くなる。

これとは別に、気象が原因で海面が異常に高くなった状態を高潮という。低気圧の急発達や台風にともなって起こることが多い。

気圧の低下により海面が吸い上げられる「吸い上げ効果」と、強い風が海

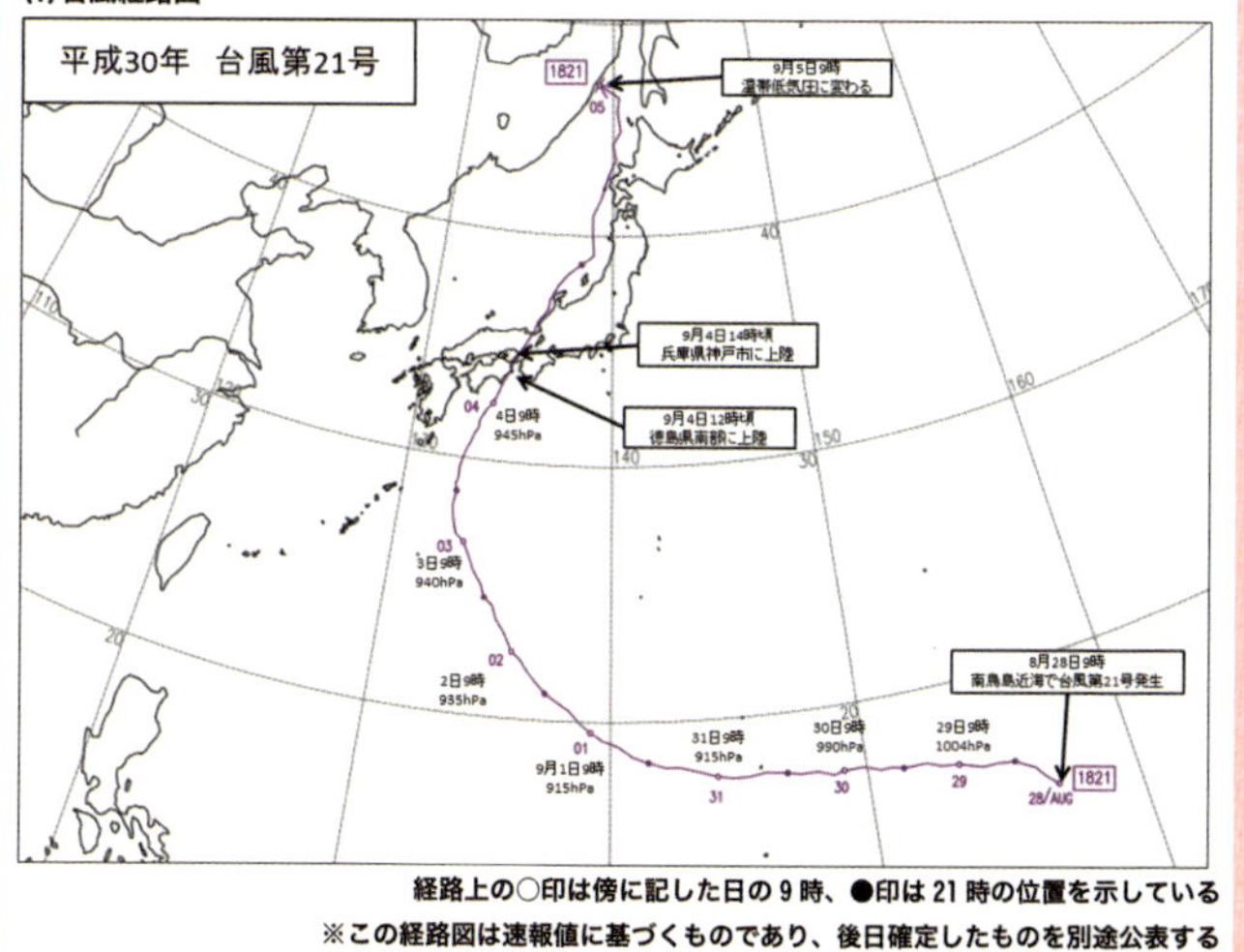

気象庁HPより

西日本に高潮被害をもたらした台風２１号

2018年９月４日12時ごろに徳島県南部に上陸した台風21号は、その後大阪湾を北上。14時ごろに兵庫県神戸市付近に再上陸した。台風の接近にともない高潮の潮位が急上昇。14時18分に大阪府堺市で最高潮位329cm（潮位偏差277cm）となるなど、過去の最高潮位を超えるような記録的な高潮が発生した。この高潮により関西国際空港が冠水するなど重大な被害が多発し、大きな混乱をもたらした。

潮位を上げる気象要因

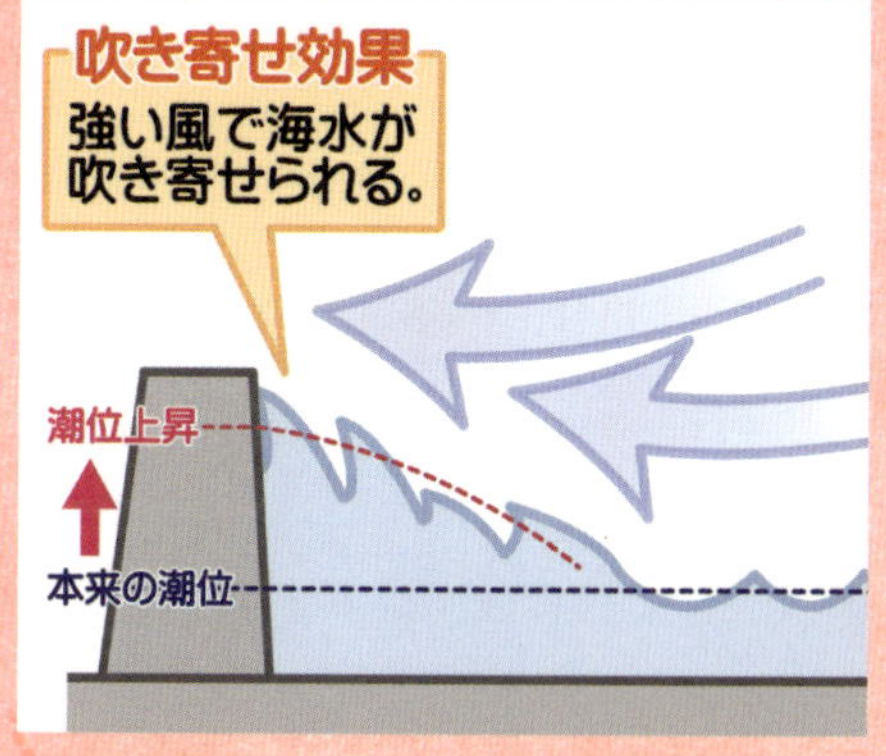

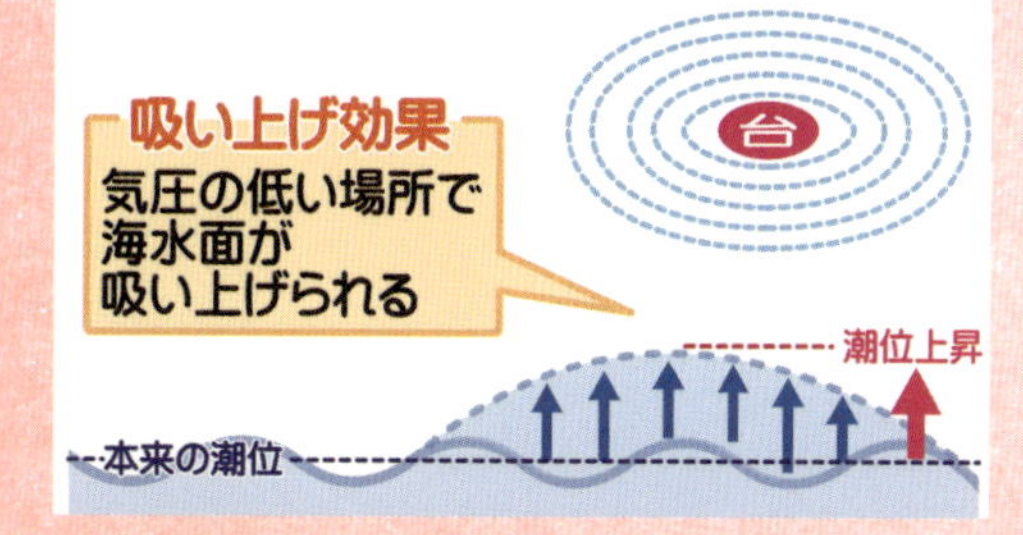

発達した台風や低気圧の接近とともに気圧が下がると、ストローで水を吸うのと同じ要領で海面が持ち上げられ、潮位が高くなる。これを吸い上げ効果という。また、海から陸に向かって吹く風は、海水を陸側に吹き集めてしまう。結果として潮位が高くなり、これを吹き寄せ効果という。

水を吹き集めてしまう「吹き寄せ効果」によって海面が高くなるのだ。気圧が1ヘクトパスカル下がると、海面は1cm上昇する。

海面を高くする要因が重なれば重なるほど、潮位の上昇幅は大きくなり、重大な高潮被害につながる。大潮の期間に、満潮時刻と台風最接近が重なり、なおかつ海から陸に向かって強い風が吹き続ける状況は最悪だ。

高潮は気象津波とも呼ばれる危険な現象である。海沿いの低い場所が海水に浸かるだけではなく、防潮堤などを破壊し、自動車や船舶を流失させてしまうこともある。

国内史上最悪の台風被害として語り継がれる伊勢湾台風（18ページ）でも、高潮で多数の死者が出ている。

直近では、2018年9月に台風21号が大阪湾で顕著な高潮を引き起こし、関西国際空港では浸水で利用客ら3000人以上が孤立するなど、大きなダメージを与えた。

ヒートアイランド現象のメカニズム

都市化は気候をも変えてしまう

100年間の平気気温変化(東京)

+3.2℃

気温上昇のブレーキ役が失われる

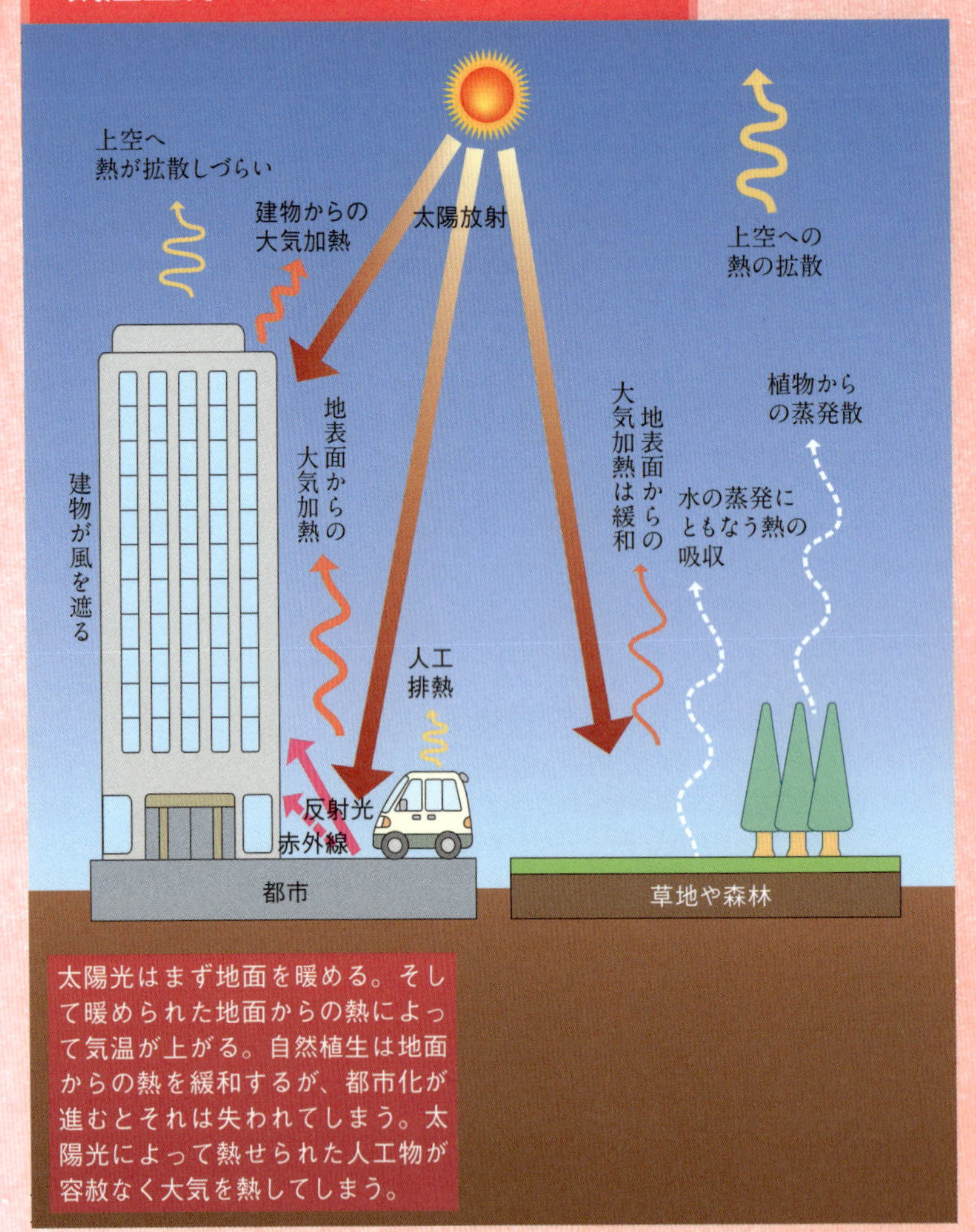

太陽光はまず地面を暖める。そして暖められた地面からの熱によって気温が上がる。自然植生は地面からの熱を緩和するが、都市化が進むとそれは失われてしまう。太陽光によって熱せられた人工物が容赦なく大気を熱してしまう。

昼はアスファルト、夜はビル

都市部はその周辺より気温が高くなる傾向がある。解像度の高い気温分布図を作成すると、ピンポイントの高温域が、都市のある場所に現われるため、これを「熱の島」に見立てて、ヒートアイランド現象と呼ぶ。

都市化は、地域の気候をピンポイントで変えてしまう。都市周辺に限定的に現れる気候特性を都市気候といい、ヒートアイランド現象はその顕著な例である。

森林や草原、水辺など自然植生となっている場所は、植物体や水面などからの蒸発が盛んで、気温上昇のブレーキ役となっている。水の蒸発は熱を消費するため、気温の上昇は抑えられる。

ところが地面がアスファルトなどの人工物で覆われると、いわゆる「照り返し」が強まる。自然植生による熱の緩和作用が失われるからだ。

太陽の熱はアスファルト経由でそのまま空気を加熱し、日中の気温はぐんぐんと高くなってしまう。

また、鉄筋コンクリートなどの構造物は、一度暖まると冷めにくい。つまり熱を蓄える力が強く、夜も少しずつ熱を放出し、大気を加熱する。

そして、高層建築物の密集する大都市は、地表から見える空の面積も少ない。これでは風による熱の拡散は期待できず、夜に上空へ出ていくべき熱が地表付近にとどまりがちとなるのだ。

結果として夜の気温が下がりにくくなり、最低気温25℃以上の熱帯夜につながってしまうのである。

東京圏のヒートアイランド現象の強度の分布

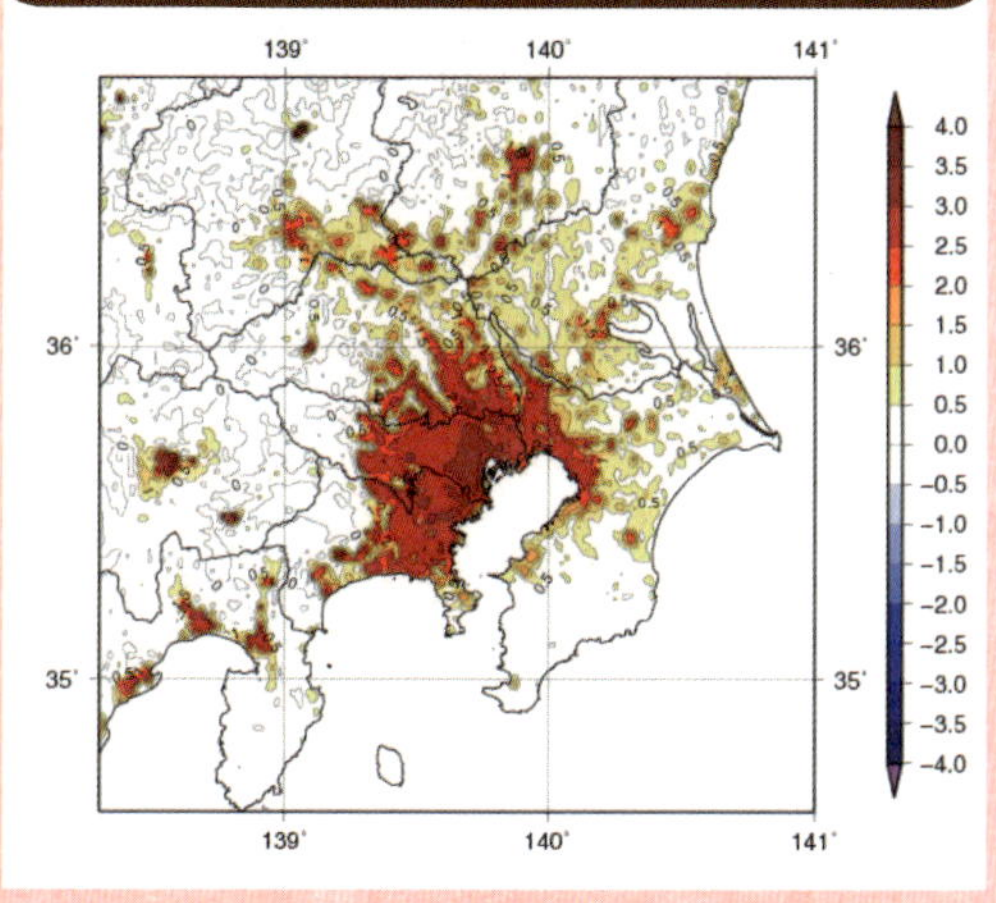

気象庁HPより

名古屋圏のヒートアイランド現象の強度の分布

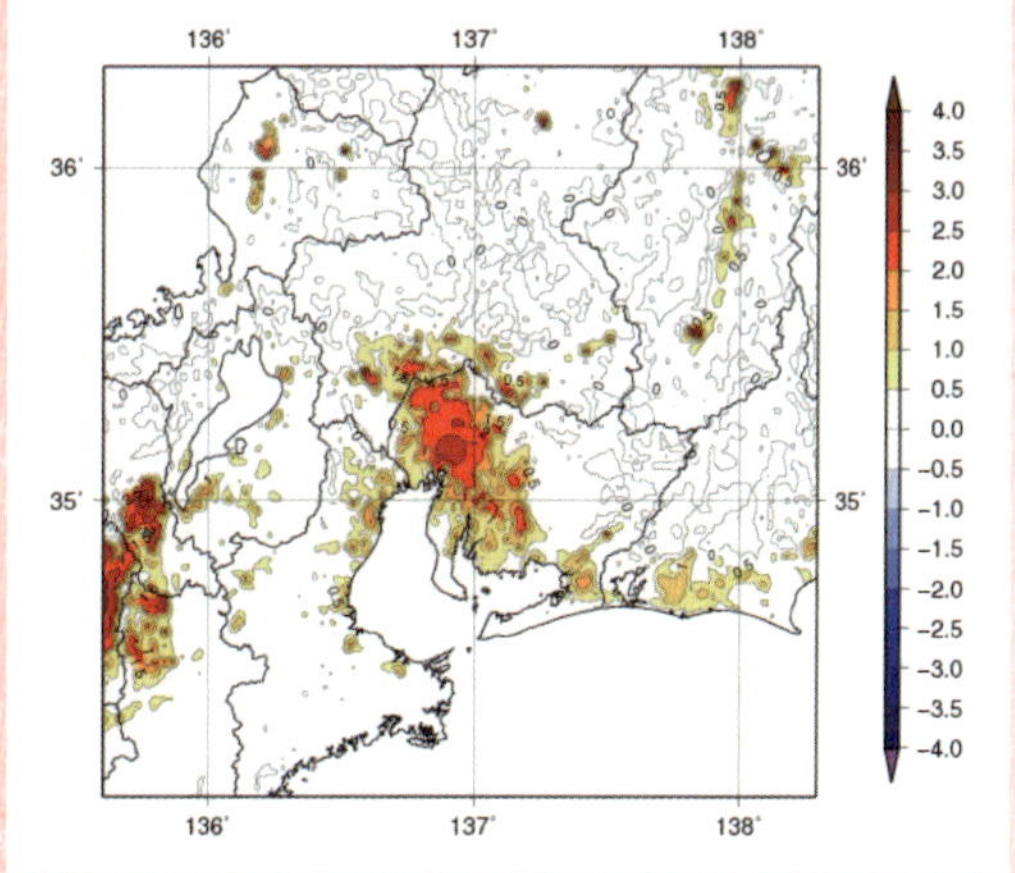

気象庁HPより

東・名・阪における ヒートアイランド現象の状況

ヒートアイランドは文字どおり「熱の島」という意味だ。気温の分布図を作成すると、都市のある場所に、点々と島のように高温域が出現することからそう呼ばれている。これらの図は2010年～2018年の1月平均気温が、都市化によってどう変化したかを解析したものだ。これを見ると、東名阪（東京圏、名古屋圏、大阪圏）ともに都市域に対応してピンポイントで平均気温が極端に高くなっているのがはっきりとわかる。

大阪圏のヒートアイランド現象の強度の分布

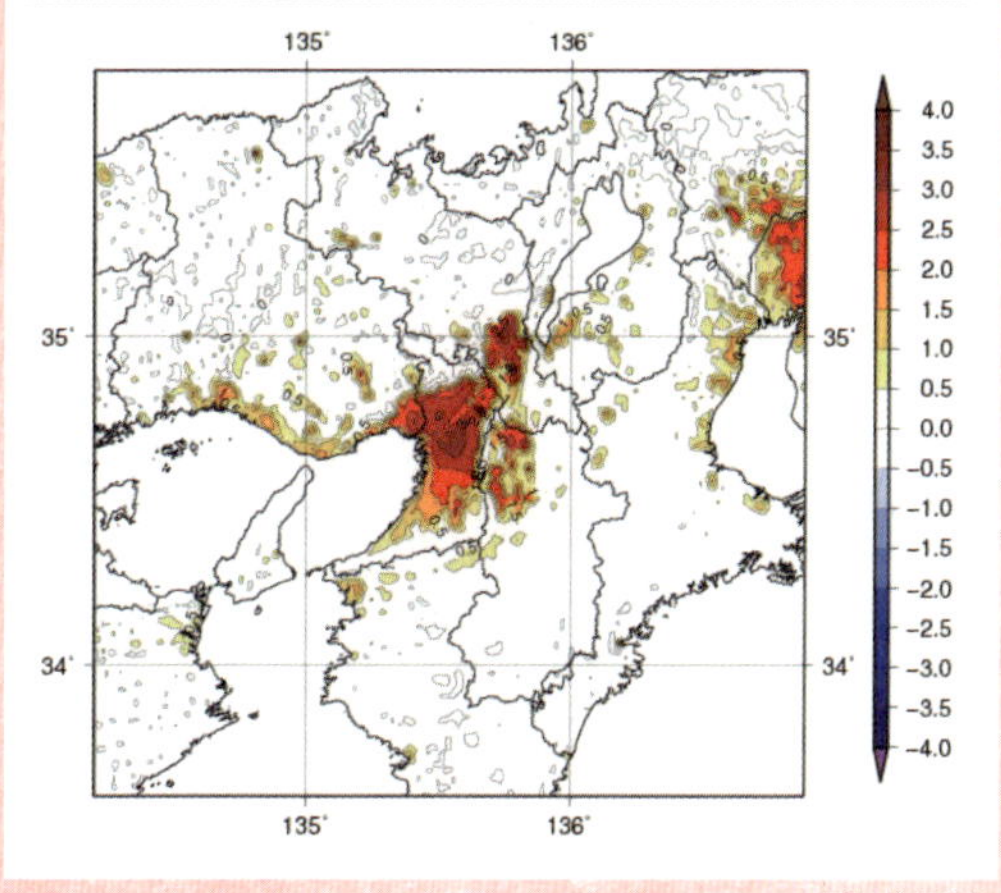

気象庁HPより

フェーン現象のメカニズム

風は山を越えると、乾燥した熱風となって吹き降りる

1時間あたりの気温上昇例(カナダ)
1962年レスブリッジ
+41℃/時

風が山を越えるときの気温変化例

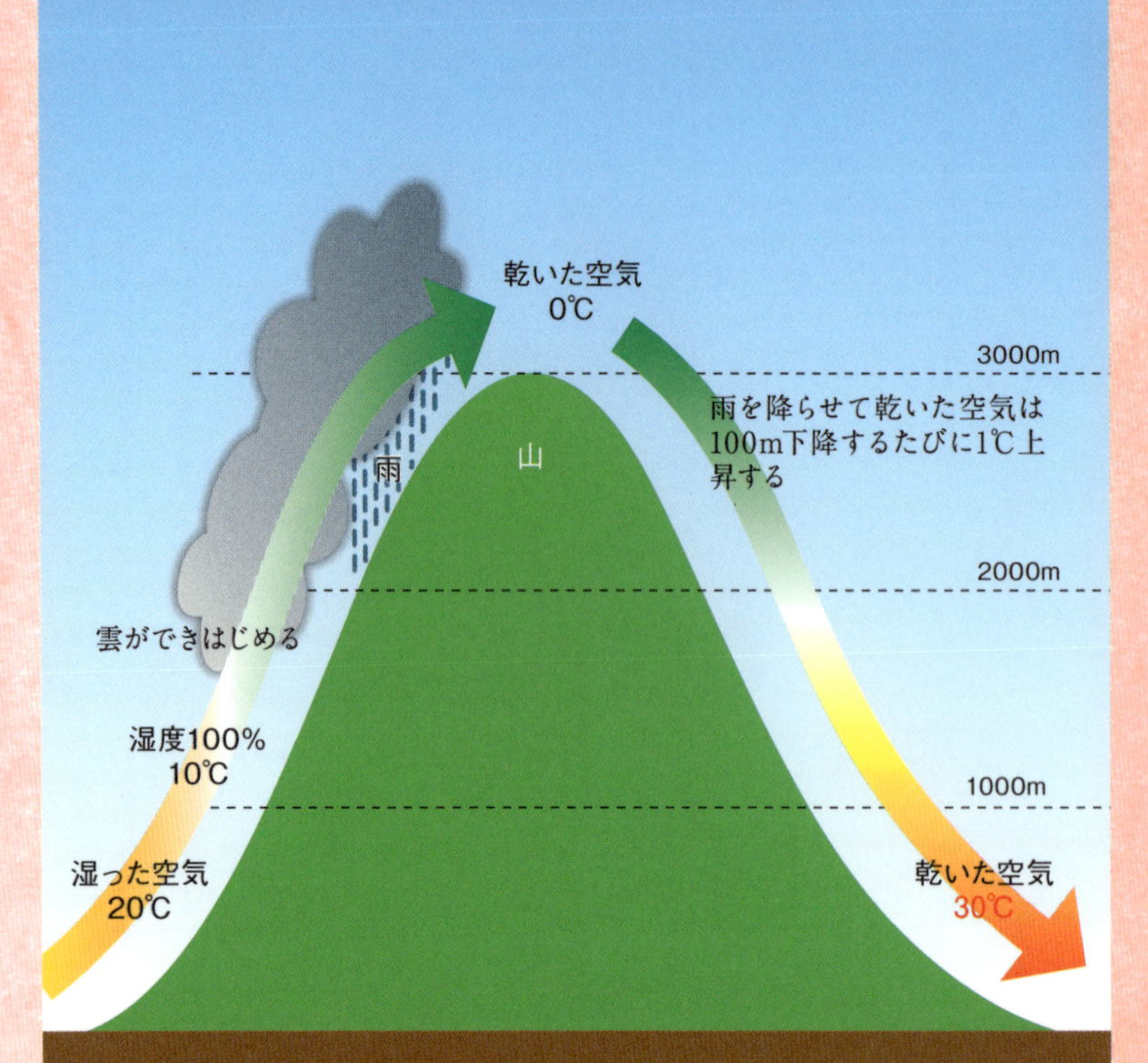

風が山を越えるように吹くときは、風下側で気温が高くなることが多い。風が山を昇ると途中で雲ができることが多く、そのさいに水蒸気が熱を放出し、それが空気を暖めるからである。

大火の原因にもつながるフェーン現象

台風や低気圧などにより広域で風が強まると、フェーン現象が起こりやすくなる。もともと「フェーン」はアルプス山麓にあるフェーン村で吹く南風のことだった。この風は気温を急上昇させ、積雪を一気に消し去ってしまうほどだ。

そこまで顕著ではないものの、風が山を越えるときは、乾燥した熱風となって下側に吹き降りるため、これをフェーン現象と呼んでいる。

山越えの風のように、高度の変化をともなう空気の移動は、気温の変動を

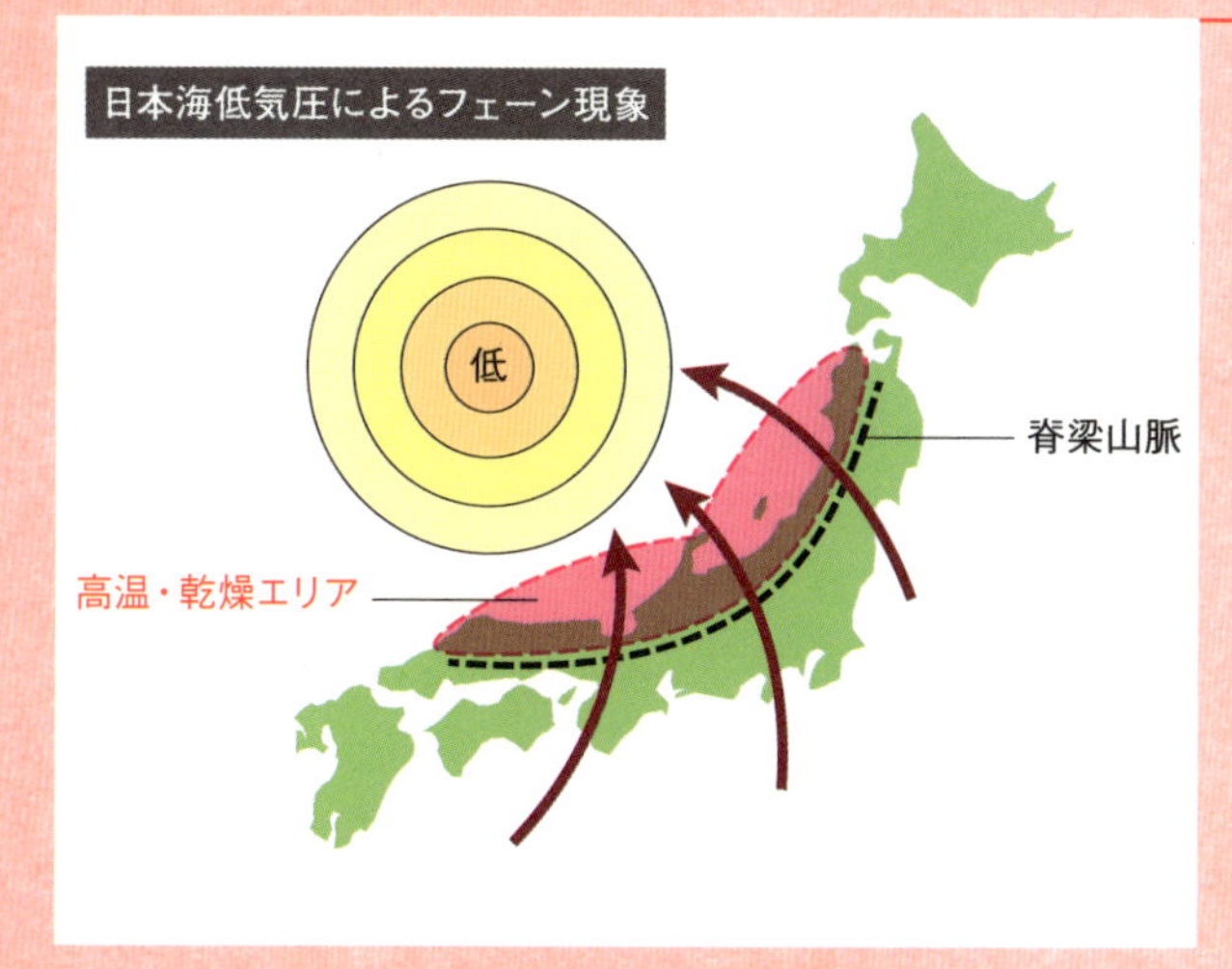

日本海に進む低気圧や台風は、フェーン現象を起こしやすい

台風や低気圧が日本海に進むと、その中心に向かって全国的に南寄りの風が強まる。風は日本列島を背骨のように貫く背の高い山脈群（総称して脊梁山脈という）を乗り越えるように吹くため、風下側の日本海側ではフェーン現象が起こり、高温と乾燥が顕著になる。風上側の太平洋側では、山肌を昇る暖かく湿った空気が発達した雨雲をつくることが多く、大雨に警戒が必要となる。

冬型の気圧配置でもフェーン現象は発生している

冬型の気圧配置となって北西の季節風が強まると、日本海側では雪、太平洋側では晴れの天気分布となる。この北西風も脊梁山脈を乗り越えるようにして吹くため、太平洋側ではフェーン現象によって気温が上がり、乾燥が顕著になる。ただ冬期は気温が低く、フェーン現象で気温が上がっても寒く感じるため、あまり実感しにくい。

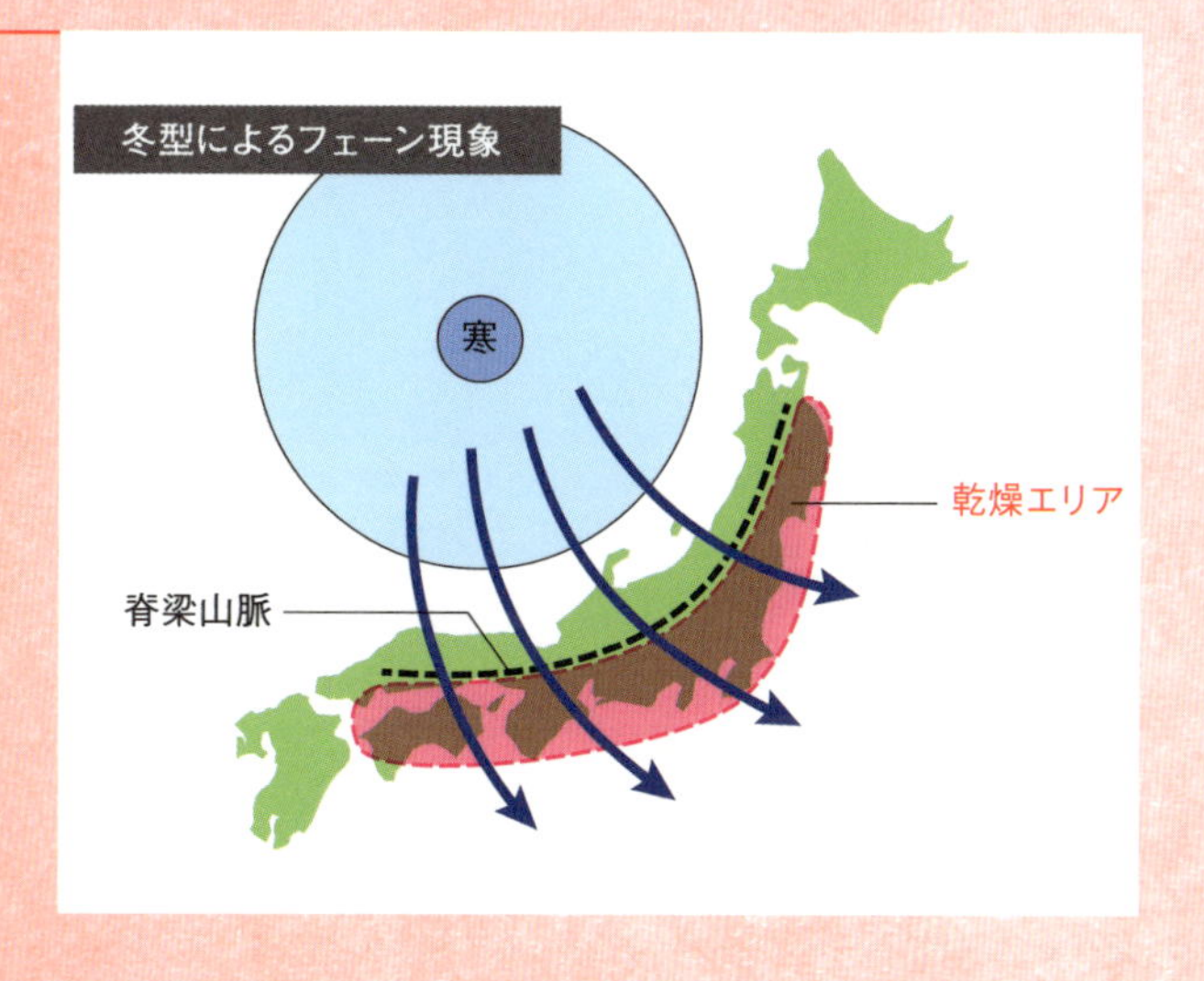

もたらす。高度を上げると気温は下がり、高度が下がると気温は上がる。その変化率は水蒸気が飽和（湿度100%）していなければ約1℃／100mだが、飽和に達して雲ができると約0・5℃／100m（条件で多少変動する）になる。雲ができる過程で水蒸気が熱を放出するからだ。

風が山を越えるときは、風上側の斜面で雨雲ができやすい。途中で水蒸気から放出された熱がプラスされるぶん、風下側の気温は上がる。

また、風上側で雨雲が水蒸気を雨として降らせたぶん、風下側は乾燥する。そして同じ水蒸気量でも、気温が高くなるほど湿度は下がるため、風下側で気温が上がると乾燥を加速させる。

発達した低気圧や台風が日本海に進むと、風が脊梁山脈（せきりょうさんみゃく）を吹き降りるため、日本海側で顕著なフェーン現象が発生しやすくなる。こういう気象条件のときは災害史上に残るような大火の原因ともなりうるため、火の元には要注意だ。

異常気象の連鎖が起こる
エルニーニョ現象のメカニズム

海面水温 基準値との差(最大)
1997年～1998年

赤道付近を吹く東風が弱まると……

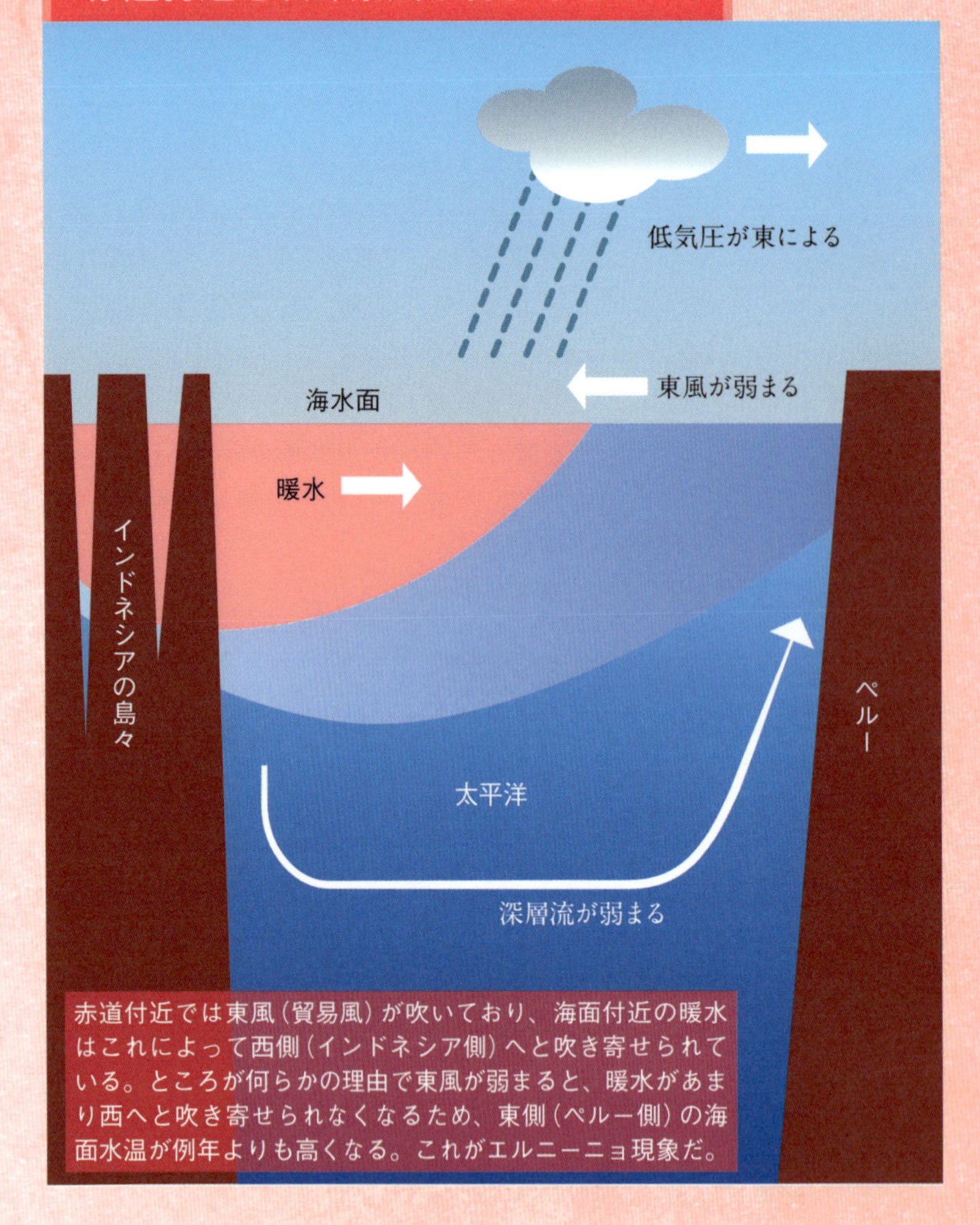

赤道付近では東風（貿易風）が吹いており、海面付近の暖水はこれによって西側（インドネシア側）へと吹き寄せられている。ところが何らかの理由で東風が弱まると、暖水があまり西へと吹き寄せられなくなるため、東側（ペルー側）の海面水温が例年よりも高くなる。これがエルニーニョ現象だ。

貿易風が弱まると海面水温が上がる

南米ペルー沖から太平洋の赤道域にかけての海面水温が、例年よりも高い状態をエルニーニョ現象という。

海面付近は、日射の影響で水温が高くなりがちだが、赤道付近で吹く東風（貿易風）は、この暖かい海水を西のほうへと吹き寄せる。

ところが何らかの理由でこの風が弱まると、これまで風の力で西に追いやられていた暖かい海水が、東のほうへと広がる。結果として赤道太平洋域の海面水温は例年より高くなる。

エルニーニョ現象が発生すると、連

エルニーニョ発生時の海水温分布

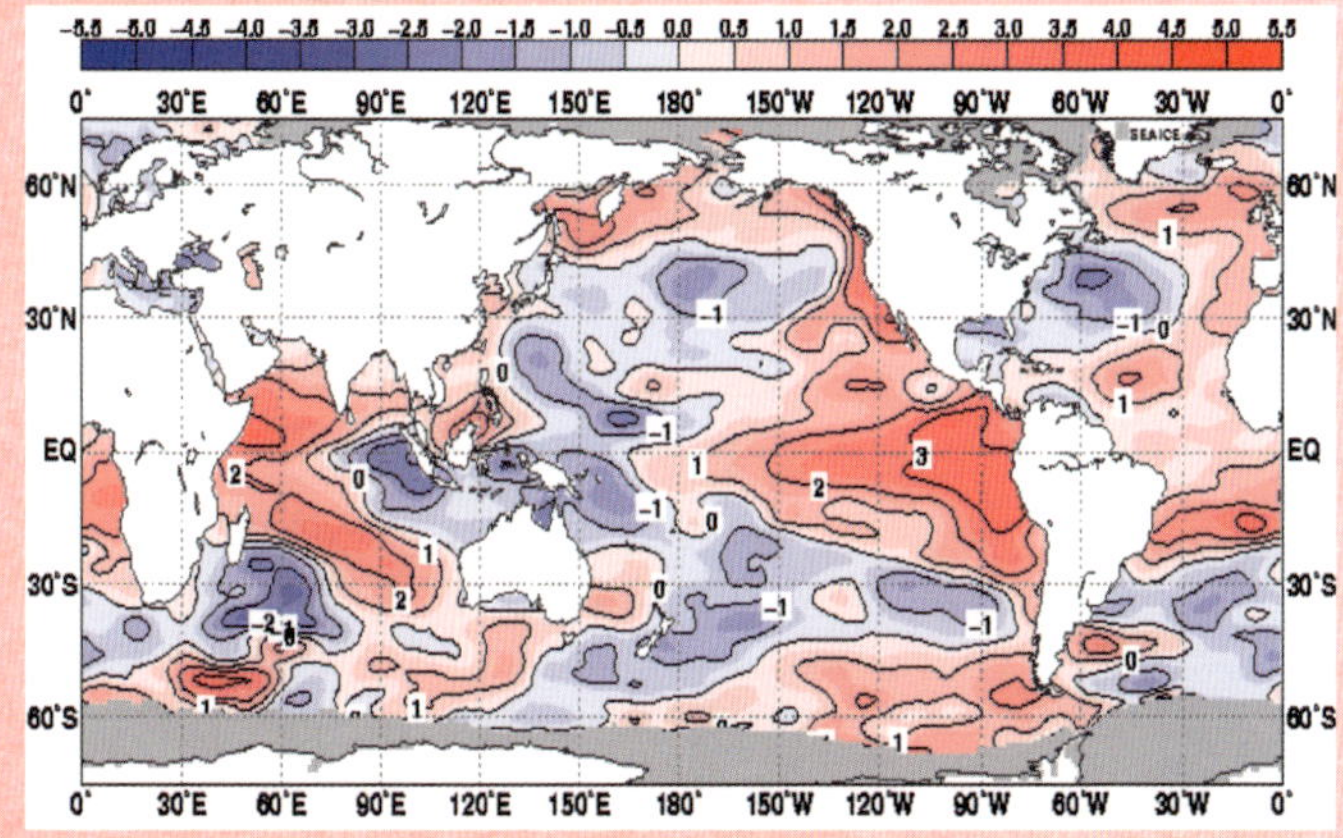

気象庁HPより

南米ペルー沖の海面水温がいつもの年より高くなる

左の図は1997年9月の海面水温平年差の分布を示したもの。ちょうどこのときは、1949年以降最大とされるエルニーニョ現象が発生していた。太平洋赤道域のペルー沖の海面水温が平年よりも高くなっている。

海面付近の暖水が東の方へと大きく広がる

右の図はエルニーニョ現象発生時（1997年9月）の太平洋赤道域の海水温の断面を示したものだ。図の左がインドネシア側で右がペルー側である。これを見ると海面付近の暖水（赤色の部分）がペルー側にまで大きく広がっているのが分かる。

エルニーニョ発生時の海水温分布の断面

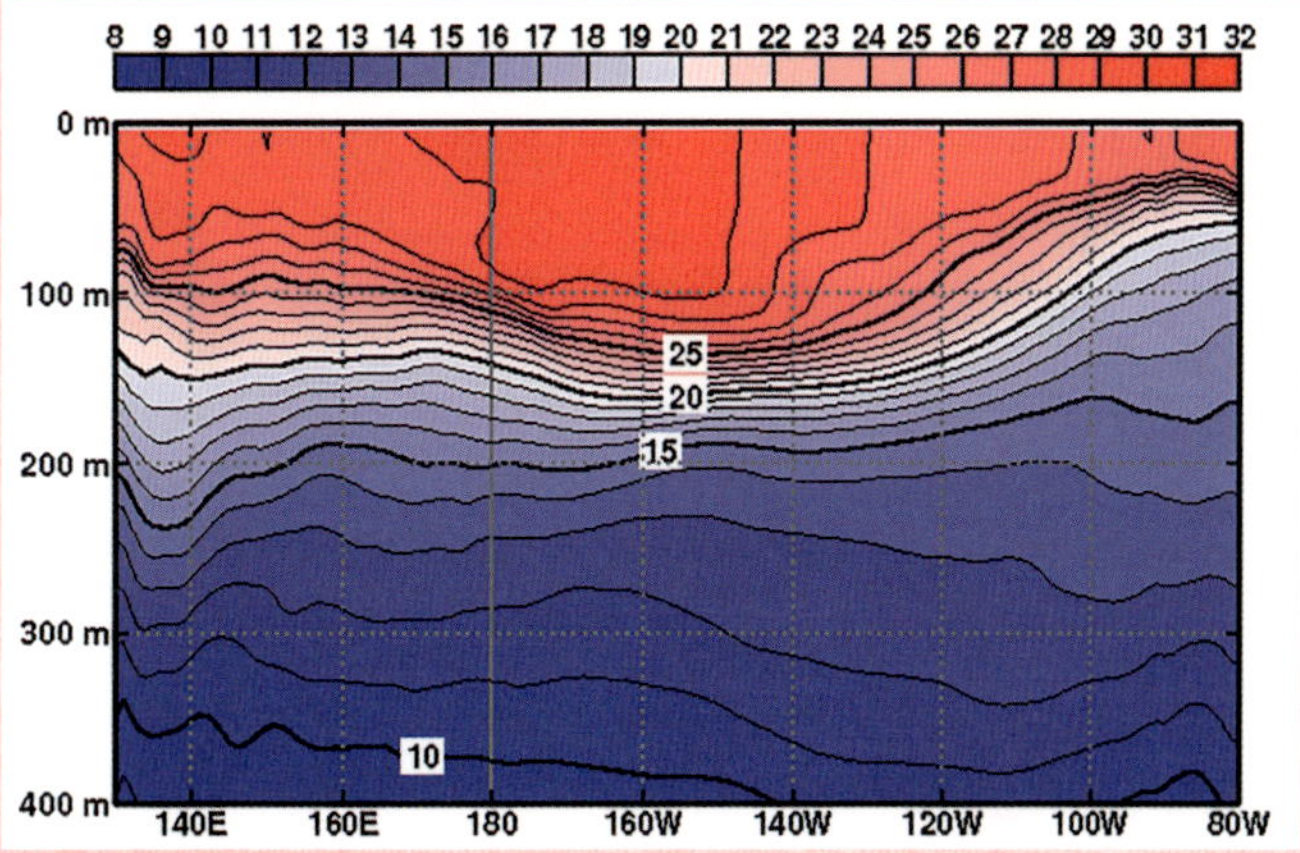

気象庁HPより

鎖反応的に地球規模での大気運動に変化をきたす。そのため世界各地で異常気象が頻発。日本では一般に、冷夏・暖冬になる傾向がある。

じつはエルニーニョ現象、ラニーニャ現象（44ページ）ともに、世界共通の数値的基準がない。そこで気象庁は、次のような独自の定義を定めている。

北緯5度〜南緯5度、西経150度〜西経90度の範囲を「エルニーニョ監視海域」、そこの海面水温の前年までの30年間平均値を「基準値」とする。

そして基準値と実際の観測値の差を出し、さらに対象月と前後2カ月の5カ月分について平均した「5カ月移動平均値」を算出する。これを判断材料としている。

5カ月移動平均値でプラス0・5℃以上が6カ月以上続けばエルニーニョ現象だ。同様に、マイナス0・5℃以下が6カ月以上続けばラニーニャ現象である。

猛暑と厳冬をもたらす

ラニーニャ現象のメカニズム

海面水温 基準値との差（最小）
1988年～1989年

赤道付近を吹く東風が強まると……

エルニーニョ現象とは逆に、東風（貿易風）が強まると、海面付近の暖水は例年以上にインドネシア側へと吹き寄せられてしまう。そしてペルー側では、その分の海水を補うように、深海からの冷水が湧きあがり、結果として海面水温が例年と比べて低くなる。これがラニーニャ現象である。

エルニーニョとは逆の状態になる

ラニーニャ現象はエルニーニョ現象とは反対に、南米ペルー沖から太平洋の赤道域にかけての海面水温が、例年よりも低い状態を指す。

もともと「エルニーニョ」は、ペルー北部でクリスマス前後に現われる小さな暖流のことを指していた。スペイン語で男の子（神の子）の意味がある。

一方で、ラニーニャは女の子を表わす言葉だ。エルニーニョ現象とは性質が正反対であることに由来する。

赤道付近は、貿易風と呼ばれる東風が吹いているため、平常時でも、海面

ラニーニャ発生時の海水温分布

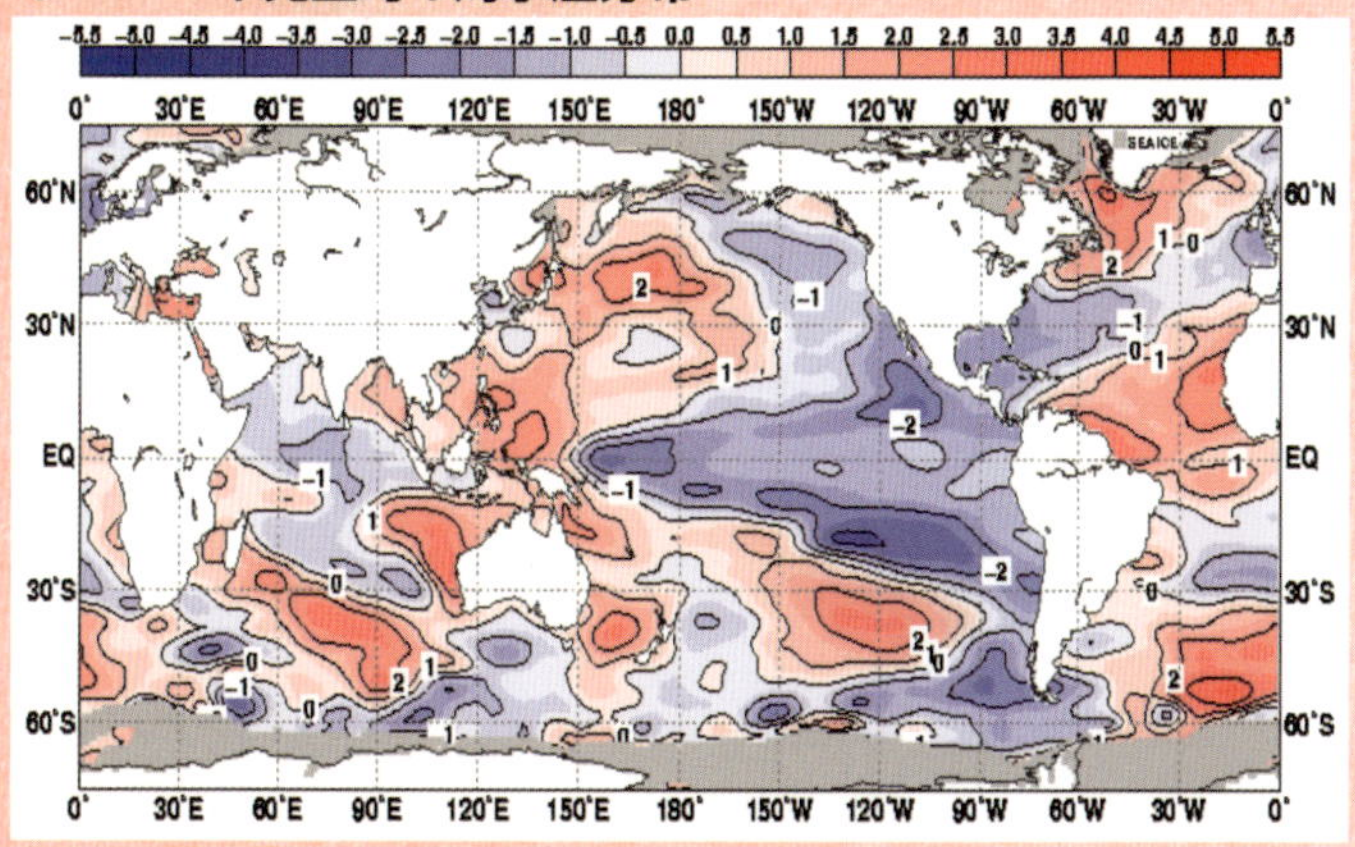

気象庁HPより

南米ペルー沖の海面水温がいつもの年より低くなる

左の図は2010年12月におけるラニーニャ現象発生時の海面水温平年差の分布を示したもの。太平洋赤道域は広範囲にわたって青色で、海面水温が平年よりも低くなっている。

海面付近の暖水はめいいっぱい西に追いやられる

右の図は上の図と同じ2010年12月の、太平洋赤道域の海水温分布の断面を示したもの。エルニーニョ現象発生時とは異なり、海面付近にある暖水（赤い部分）は西側に大きく偏っている。そして東側では深海からの冷水（青い部分）の湧き上がりが起こっているのもはっきりと確認できる。

ラニーニャ発生時の海水温分布の断面

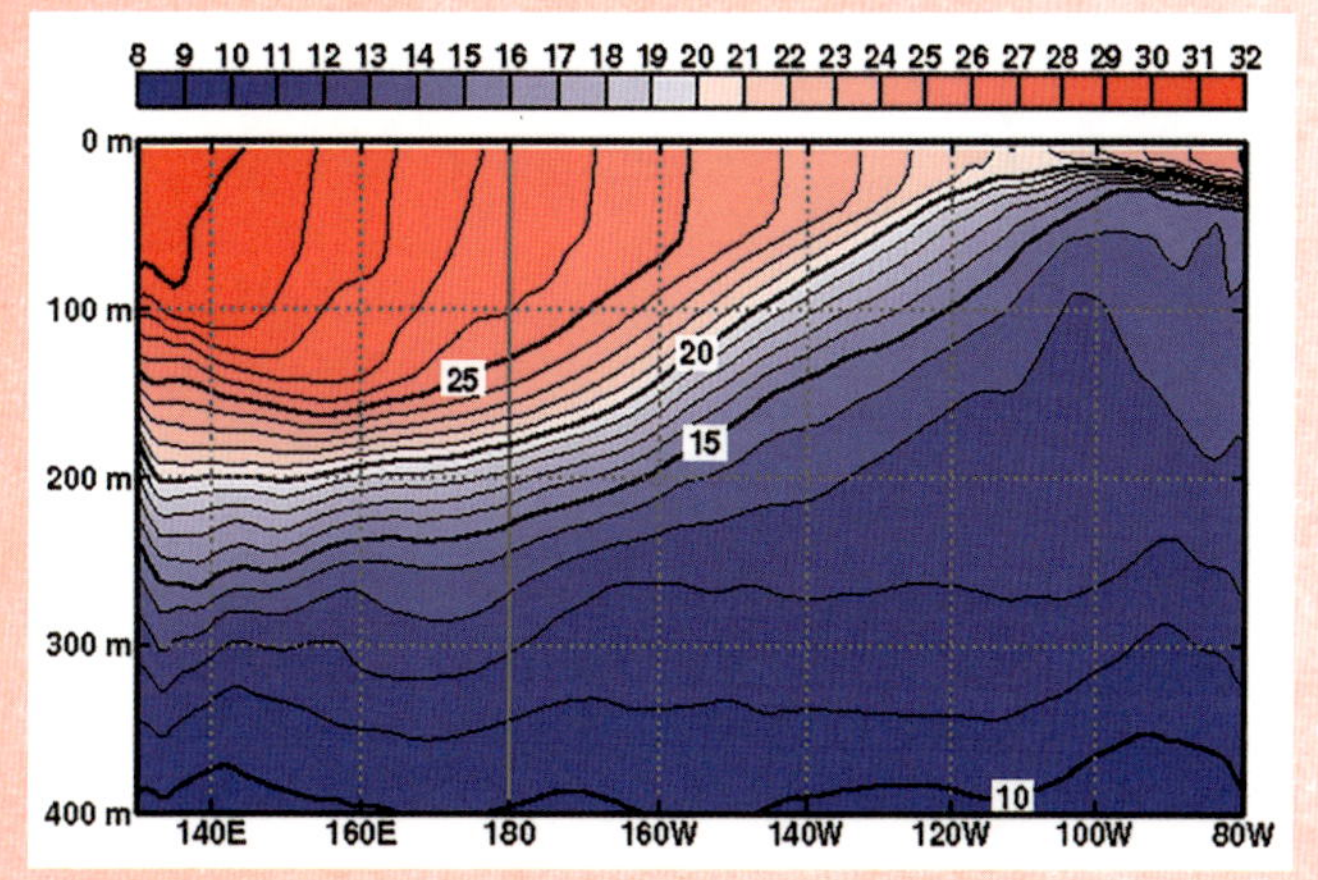

気象庁HPより

付近の暖かい海水が風によって西のほうへと吹き寄せられている。

そして風によってもっていかれた分の海水を補うように、南米大陸側で深海のほうからとても冷たい海水（深層流）が湧き上がっている。

この東風が例年よりも強い状態が続くと、ラニーニャ現象が発生する可能性が高まる。海面の暖かい海水が、例年以上にたくさん西へと吹き寄せられてしまうからだ。

結果として、深海からの冷たい海水の湧き上がりも強まり、赤道太平洋の海面水温が大きく下がる。これがラニーニャ現象で、一度発生すると1年くらい続くことが多い。

ラニーニャ現象も世界各地で異常気象を引き起こす原因となる。そのメカニズムは複雑で、必ずそうなるとはい い切れないが、日本では夏の暑さ、冬の寒さともに、より厳しいものとなる傾向がある。

PM2・5のメカニズム

肺の奥にまで侵入し、気管支ぜん息の原因になる

注意が必要な濃度（暫定指針）

70㎍/㎥以上

人間の活動は大量のPM2.5をつくりだす

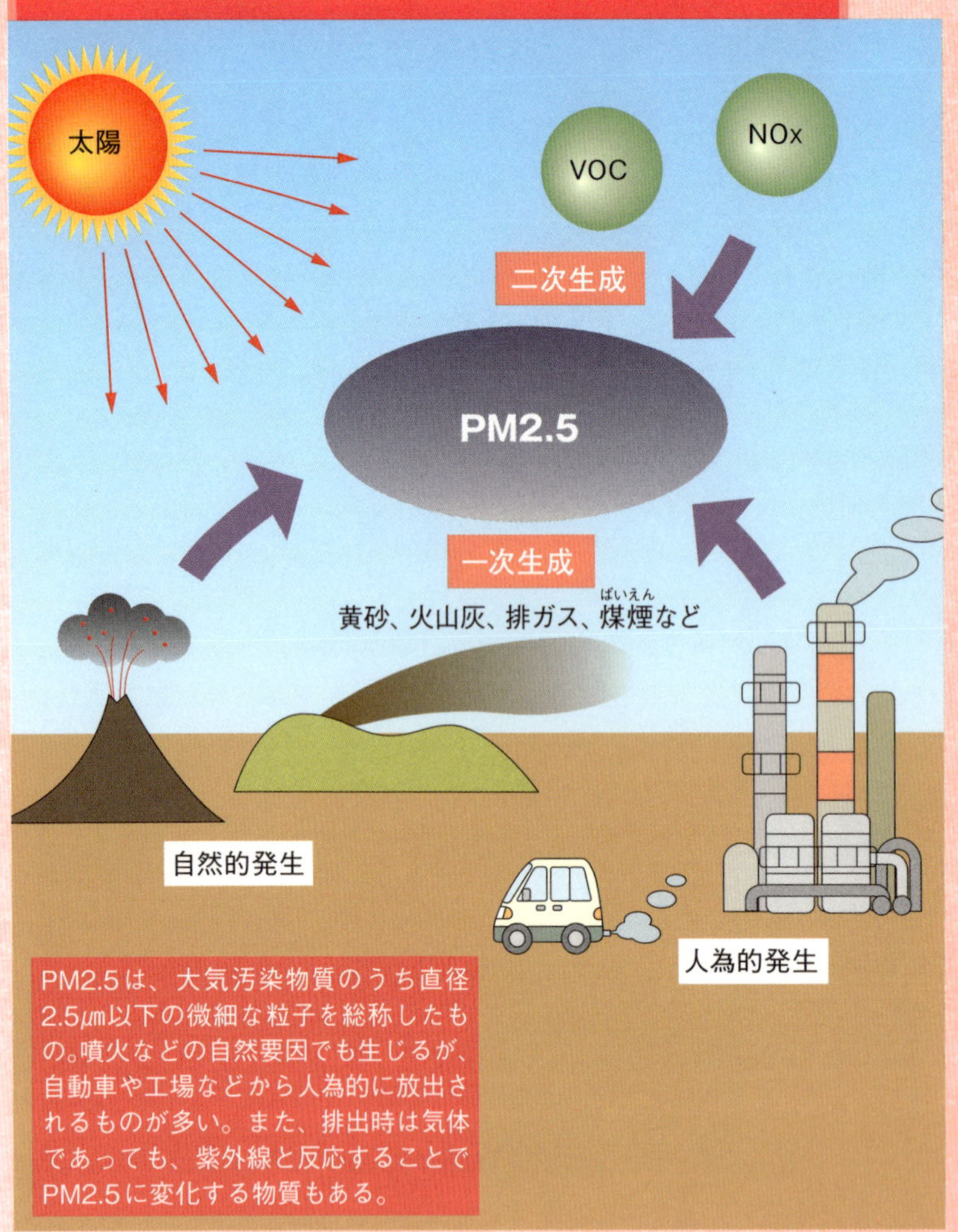

PM2.5は、大気汚染物質のうち直径2.5㎛以下の微細な粒子を総称したもの。噴火などの自然要因でも生じるが、自動車や工場などから人為的に放出されるものが多い。また、排出時は気体であっても、紫外線と反応することでPM2.5に変化する物質もある。

PM2・5の2・5は粒子の直径のこと

空気中に漂う多種多様な微粒子のうち、直径10㎛（マイクロメートル）以下のものを総称してSPM（浮遊粒子状物質）という。そして直径2・5㎛以下の、とくに小さいものをPM2・5（微小粒子状物質）と呼ぶ。

土ぼこりや火山灰など、自然由来のものも含まれるが、問題なのは自動車や工場などから排出されるすなど、人間の活動に由来するものだ。

また工業用に使われる揮発性有機化合物（VOC）や、排ガス中の窒素酸化物（NOx）は、気体として排出さ

核の冬と比喩される北京

北京のPM2.5は「核の冬」のよう

北京でPM2.5などによる大気汚染が一段と深刻化したのは2013年1月10日ごろから。著しい健康被害のほかにも、高速道路の閉鎖や航空便の欠航など、交通にも支障をきたした。あまりのひどさから、「核の冬」に例える専門家も現われるほどだ。核の冬とは、核兵器を使用した後、発生した大量の煙などにすっぽりと覆われ、太陽光すら届かなくなるという状態を指す。国内でも、越境汚染を懸念する声が相次ぎ、PM2.5という単語が広く認知されるきっかけにもなった。

日本でも環境基準を超える日は意外と多い

中国ではPM2.5による大気汚染が深刻化したことを受け、日本でも数値に基づく行動指針が暫定的に作成された。対策行動の目安となる数値は70㎍／m³以上だが、国内に限定すればいまのところこれを超える日はほとんどない。ただ環境基準の35㎍／m³を超過することはめずらしくないため油断は禁物だ。

注意喚起のための暫定的な指数（環境省）

レベル	暫定的な指針となる値	行動の目安	注意喚起の判断に用いる値	
			午前中の早めの時間帯での判断	午後からの活動に備えた判断
			5時～7時	5時～12時
	日平均値（µg/㎥）		1時間値（µg/㎥）	1時間値（µg/㎥）
II	70超	不要不急の外出や屋外での長時間の激しい運動をできるだけ減らす。	85超	80超
I	70以下	健康への影響がみられることがあるため、体調の変化に注意する。	85以下	80以下
（環境基準）	35以下			

れるが、紫外線を受けるとPM2・5へと変化する。

これらの微粒子はとても小さいため、呼吸とともに一気に肺の奥へと取り込まれ、健康被害を誘発する。

大気汚染対策により、日本におけるPM2・5濃度は緩やかに減少している。一方で最近は中国を中心にPM2・5が深刻な問題となっている。気象条件によっては日本にも到達する可能性があり、すでに一時的な濃度上昇は各地で観測されている。

そのことを受け、2014年にはPM2・5への注意喚起のための暫定指針がつくられた。その目安となる数値は70㎍／㎥だ。この値を超えると、健康被害をおよぼす恐れがあるため、不要不急の外出は避け、屋外での長時間の運動をひかえることが望ましい。

ちなみに、人々の健康保護のために望まれる数値（環境基準）では、1日平均値の場合、35㎍／㎥以下とされている。

光化学スモッグのメカニズム

目やのどの痛みなど、健康被害を引き起こす

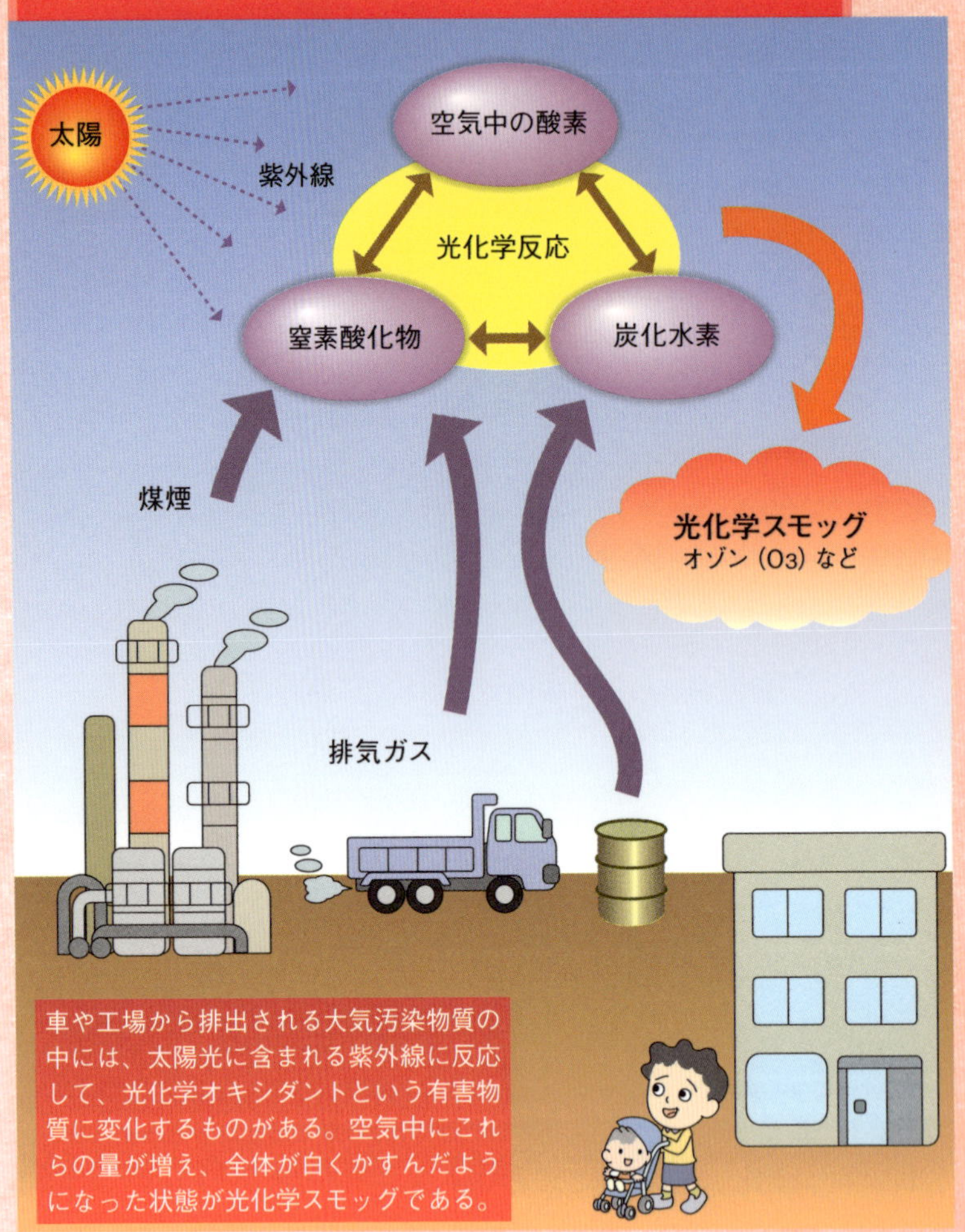

光化学スモッグ過去最大被害届出数
1971年国内
48118名/年

7月18日は光化学スモッグはじまりの日

1970年の7月18日、東京都杉並区で高校生が相次いで目やのどの痛み、呼吸困難を訴え、大きな騒ぎとなった。これが日本で最初の「光化学スモッグ」による健康被害とされる。

当時は高度経済成長にともなう環境汚染が深刻化し、光化学スモッグのみならず、さまざまな公害による健康被害が多発した。

光化学スモッグとは、「光化学オキシダント」が大気中に増え、空が白くかすんだ状態をいう。よく晴れて風が弱く、気温が高いなどの気象条件がそ

目やのどに炎症を起こす恐れ

©kyu3 2018

光化学スモッグによって遠くがかすんで見えることも

大気中の光化学オキシダント濃度が高くなり、遠くがかすんで見えるような状態を光化学スモッグと呼ぶ。光化学オキシダントは目やのどの粘膜を刺激し、健康被害を引き起こす。もし屋外活動中にのどの痛みや目の刺激を感じたら、ただちにうがいや洗眼をし、症状が落ち着くまで室内にいよう。また、光化学スモッグ発生が予想されるときは、屋外活動をひかえ、洗濯物を取り込んだり窓を閉めたりするなどの対策をとると良い。

光化学スモッグ注意報発令を示す看板

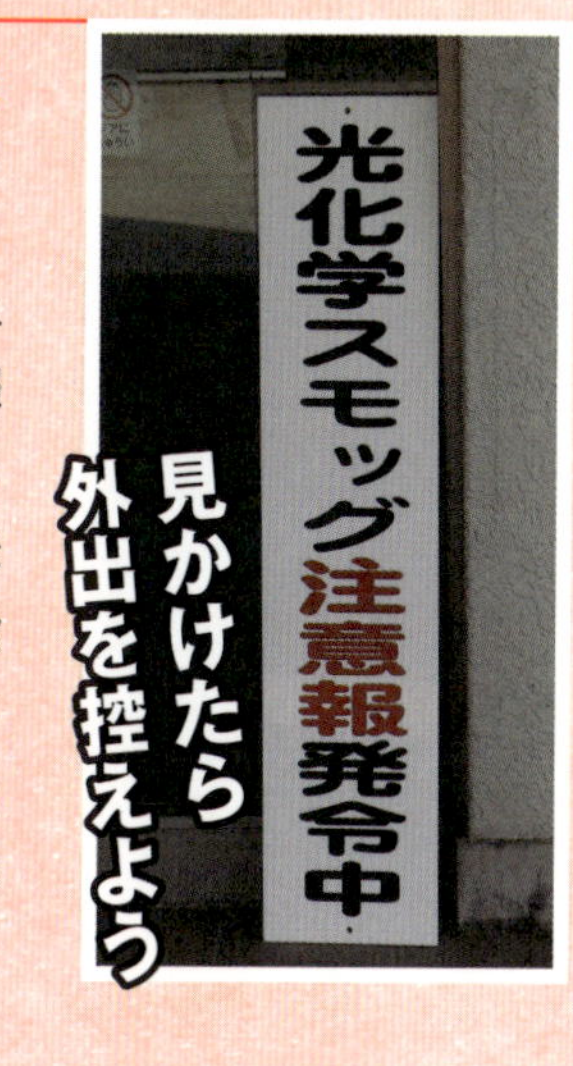

見かけたら外出を控えよう

濃度が0.12ppm以上になり継続すると判断される場合は、大気汚染防止法に基づいて光化学スモッグ注意報が発令される。法に基づくのは注意報のみだが、自治体によってはより重大な事態を示す光化学スモッグ警報などを独自の基準で運用しているところもある。光化学スモッグ注意報が発令されると、防災無線での呼びかけや、公共施設での看板掲出など、一般住民に対する周知が行なわれる。同時に、煤煙を排出する工場や事業所に対しては、排出量の削減の要請が行なわれる。自動車の運転に関する法的な制約は行なわれないが、注意報が解除されるまでの使用は可能な限りひかえ、煤煙排出量の削減に協力したいところだ。

ろうと発生しやすくなる。

光化学オキシダントは、自動車や工場などから排出される窒素酸化物（NOx）や揮発性有機化合物（VOC）が、太陽光に含まれる紫外線を受けて光化学反応を起こしてできた物質の総称で、人体に有害だ。

粘膜を刺激して目やのどに炎症を起こし、呼吸障害などの原因にもなる。

光化学オキシダントの環境基準は0・06ppm以下だ。0・12ppm以上となり、その状態が続くと判断される場合は、大気汚染防止法に基づき、光化学スモッグ注意報が発令される。

現在は排出ガス規制などの環境対策が進み、大気汚染もずいぶんと改善したため、光化学スモッグは昔のことのように感じられるかもしれない。

しかし、マシになったとはいえ、環境省によると、光化学スモッグが原因と推定される健康被害の届出は2018年に13人もあった。油断は禁物だ。

今もなお続く脅威

酸性雨のメカニズム

国内観測点における平均値
2013年～2017年

pH4.77

大気汚染物質が雨に溶け込む

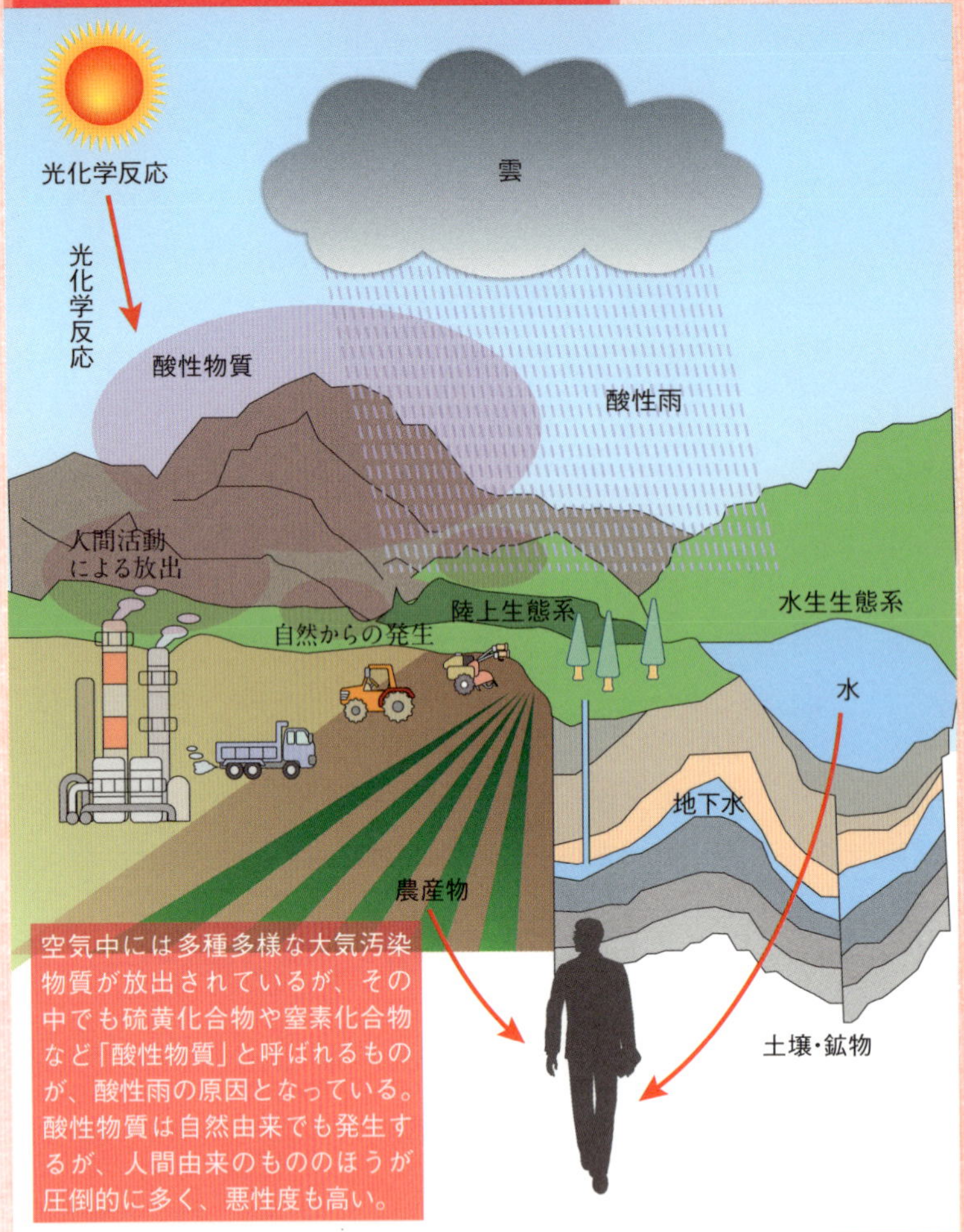

光化学反応
雲
光化学反応
酸性物質
酸性雨
人間活動による放出
自然からの発生
陸上生態系
水生生態系
水
地下水
農産物
土壌・鉱物

空気中には多種多様な大気汚染物質が放出されているが、その中でも硫黄化合物や窒素化合物など「酸性物質」と呼ばれるものが、酸性雨の原因となっている。酸性物質は自然由来でも発生するが、人間由来のもののほうが圧倒的に多く、悪性度も高い。

歴史的建造物をも破壊してしまう空中鬼

現代社会に生きる私たちは便利で豊かな生活を手に入れた一方で、さまざまな環境問題と対峙することになってしまった。

人間活動とともに急増した大気汚染物質は、一部が雨の中に溶け込んで、「酸性雨」として降り注ぐ。酸性の水は動植物に深刻な影響を与え、コンクリートを溶かし、歴史的建造物をも破壊する。

酸性雨の原因となるのは、硫黄化合物（ＳＯｘ）と窒素酸化物（ＮＯｘ）などの「酸性物質」と呼ばれるものだ。

酸性雨による被害は動植物だけではない

酸性度の強い雨水が降り注ぐと、河川・湖沼の水が酸性に傾き、土壌が酸性化してしまう。これにより森林が枯れ、地域の生態系に深刻な打撃を与えることは容易に想像できる。じつはそれだけではなく、コンクリートを溶かすなどして歴史的建造物を破壊してしまう。また道路などのインフラに重大な損傷を与える恐れもある。

pH7が中性で、数値がそれより低ければ酸性

酸性かアルカリ性か、その度合いを示す指標として広く使われているのが水素イオン濃度。一般にpHと表記する。pHは7が中性で、それより小さければ酸性、大きければアルカリ性。数値が小さいほど強い酸性であることを示す。酸性雨には明確な数値基準がない。大気中の二酸化炭素が十分に溶け込んだ水がpH5.6であることから、一般にはpH5.6を酸性雨の目安としていることが多い。

pH 濃度

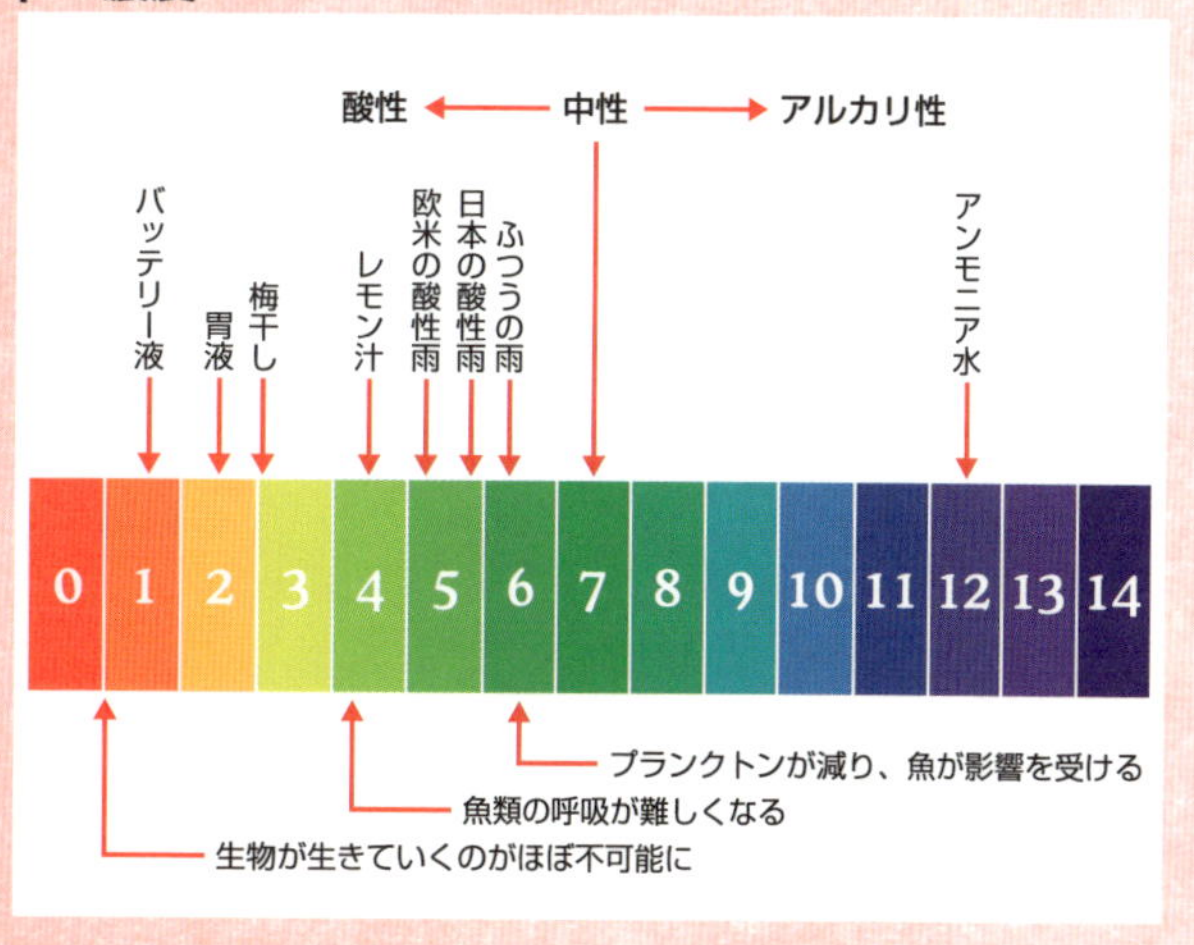

これらはおもに、工場や自動車の煤煙とともに大気中へと放出される。

じつはこれら酸性物質の有無にかかわらず、雨水はｐＨ５・６程度の弱酸性となっている。純水はｐＨ７の中性だが、大気中に含まれる二酸化炭素を取り込んでいるからだ。

酸性雨はそれよりも強い酸性を示すものをいう。国内では、１９８０年代にｐＨ２・５程度という、調味料の食酢に匹敵するほどの酸性雨が観測されたこともある。

ニュースで酸性雨という言葉は耳にしなくなった感があるが、単に報道されていないだけ。現在も国内で降る雨の多くは、ｐＨ５未満の酸性雨である。

大気中の酸性物質は、酸性雨以外にも地上に降る。雪の結晶や霧粒などにも溶け込んで、酸性雪や酸性霧といった現象を引き起こす。

また、水分がなくても、空気中を漂うちりやほこりなどの乾燥粒子に付着して地面に落ちてくることもある。

オゾンホールのメカニズム

有害な紫外線を防いでくれるバリアの量が激減！

過去最大南極オゾンホール面積
2000年
2960万km²

フロンから飛び出した塩素原子が…

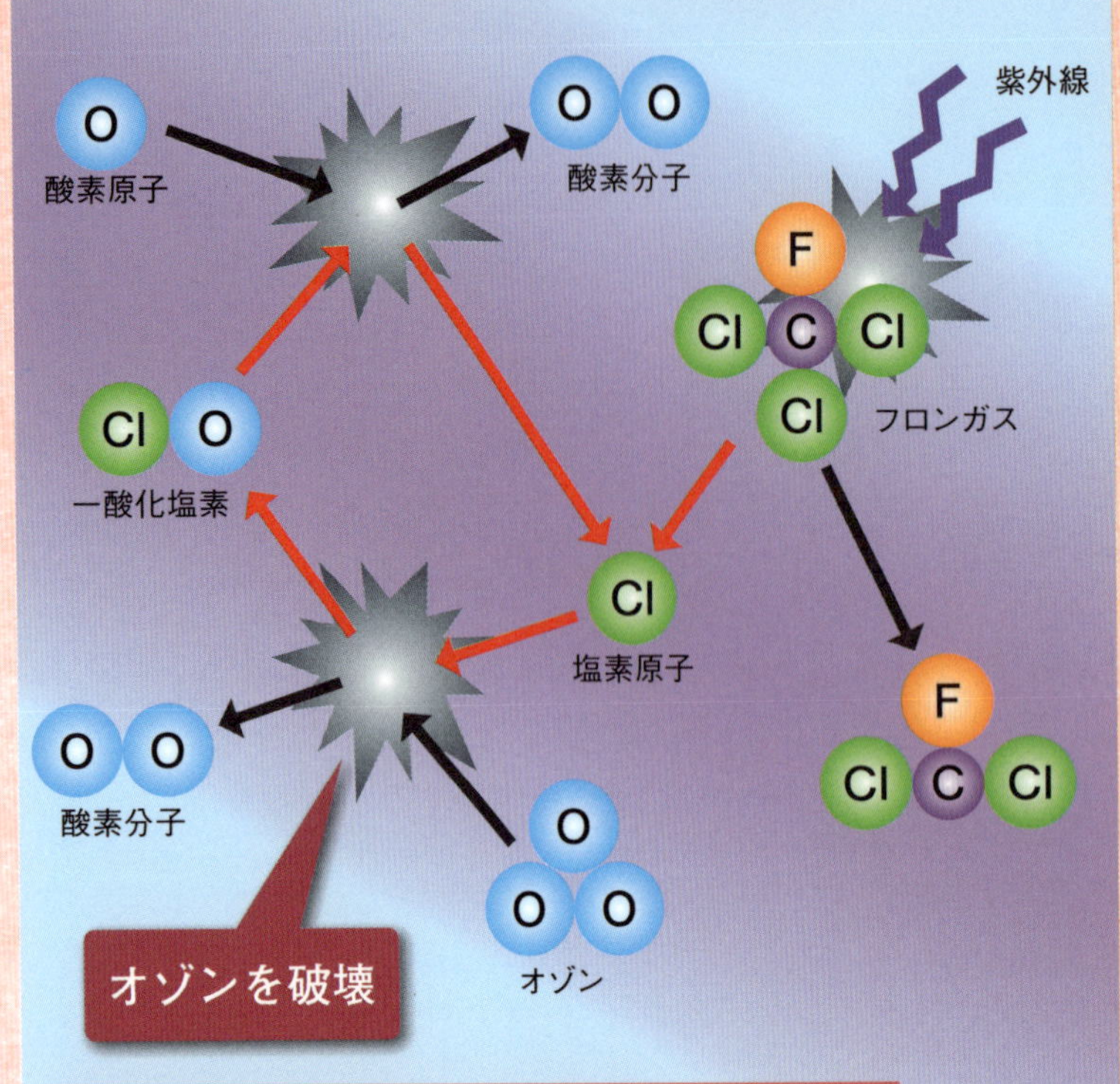

フロンは人工的につくられた物質で、分解されないまま大気の流れに乗って成層圏上部へと運ばれる。そこで強い紫外線を受けて飛び出した塩素原子は、オゾンから酸素原子をひとつ奪って、ただの酸素分子にしてしまう。成層圏内にはオゾンの材料として欠かせない酸素原子も浮遊しているが、塩素原子はオゾンから奪った酸素原子を使って酸素原子もただの酸素分子にしてしまう。これをくり返すと、オゾンの数が減る。

オゾンが破壊される原因は、塩素原子

太陽光とともに降り注ぐ紫外線は、生物にはとても有害。それにもかかわらず、私たちが白日の下で生活可能なのは、高度10～30km付近に、紫外線を吸収するオゾン層があるからだ。

ところが人間がつくり出したフロン（クロロフルオロカーボン類）は、大切なオゾン層を破壊した。現在は厳しく規制されているが、かつてはエアコンや冷蔵庫、スプレー缶などにフロンは大量に使われ、空気中にも放出されていたのだ。

フロンは化学的に安定しているため

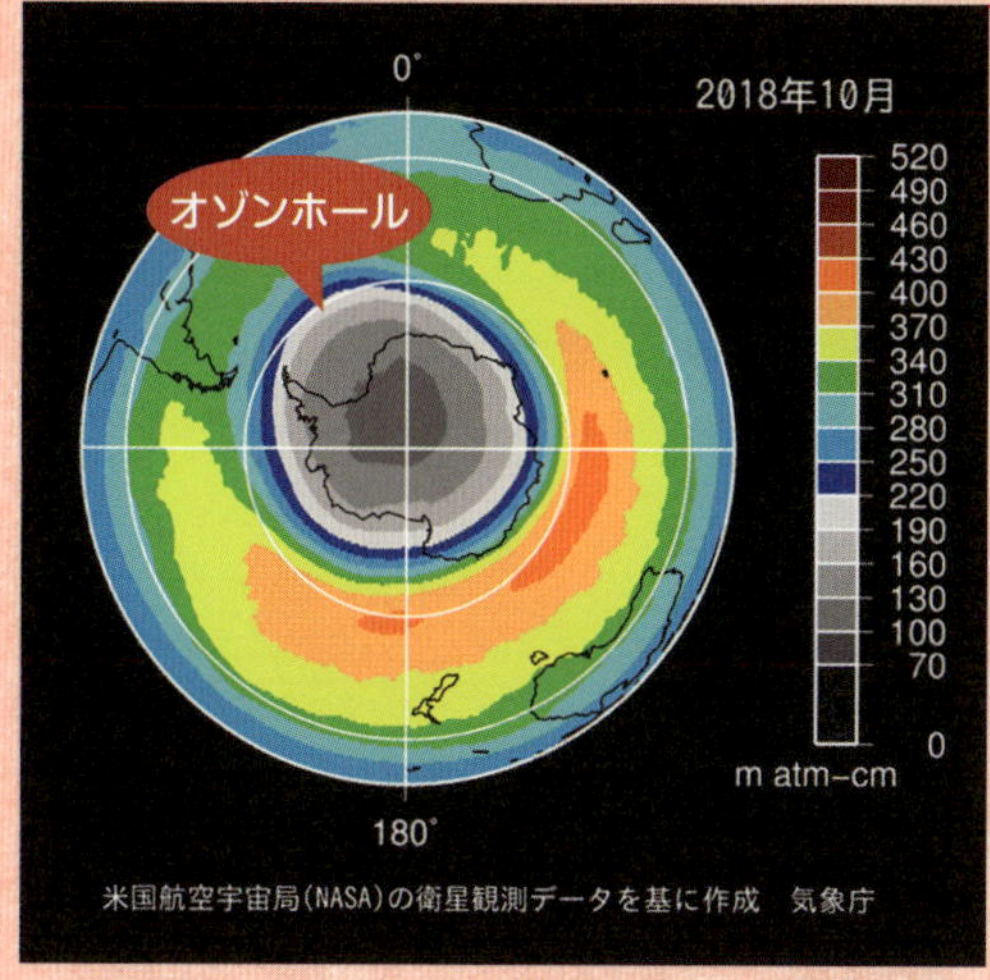

気象庁HPより

南極のオゾンホールは今なお深刻な状態

上空のオゾンの全体の量を示すオゾン全量が220m atm-cm（ミリアトムセンチメートル）以下となった場所をオゾンホールと呼ぶ。フロン規制の効果もあってか、南極のオゾンホール面積の広がりには歯止めはかかっているものの、依然として高止まりの状況は続いている。2017年には最大面積が1880万km²と2000年代に入ってからはじめて2000万km²を下回ったが、2018年には2460万km²とふたたび広がっている。

南極のオゾンホールは1970年代末から出現

オゾンホールの存在が認識されはじめたころ、1979年のオゾン全量の分布。これを見ると南極上空に丸くオゾン量が少ない領域（中心の水色部分）ができており、このときも最大で110万km²のオゾンホールができたという。それでも現代にくらべるとはるかにオゾンの量は多い。ちなみに人類がフロンを生みだす前は、オゾンホールというものは存在しなかった。

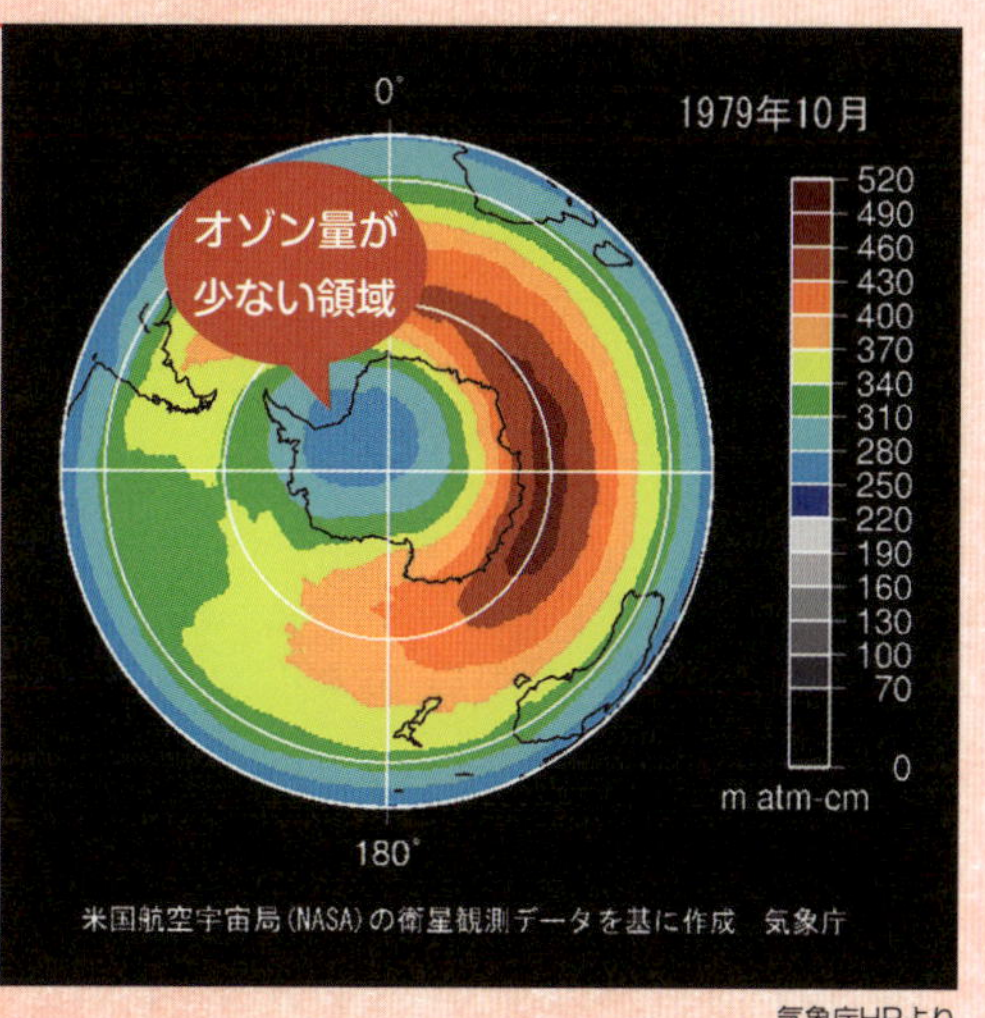

気象庁HPより

そのまま成層圏（大気圏にある、高さ約10～50㎞の大気層）上部へ。そこで強い紫外線を受けて飛び出した塩素原子は、くり返しオゾンを壊す。

深刻なのは南極上空だ。毎年、9月から11月にかけてオゾンの量が激減する領域が出現する。オゾン層に穴が開いたように見えるため、「オゾンホール」という。

冬の南極成層圏はマイナス78℃以下にもなり、極渦と呼ばれる渦が発達する。そして、ここに極域成層圏雲（PSCs）という特殊な雲ができる。

極域成層圏雲の表面で起こる化学反応により、フロン由来の塩化水素や硝酸塩素から大量の塩素分子が放出され、極渦内に蓄積する。

春になると太陽の紫外線が届き、塩素分子は塩素原子に分解され、一気にオゾン層を破壊する。その結果できるのがオゾンホールである。

天気図と天気記号

2019年6月1日の天気図の例と日本式天気記号

天気図

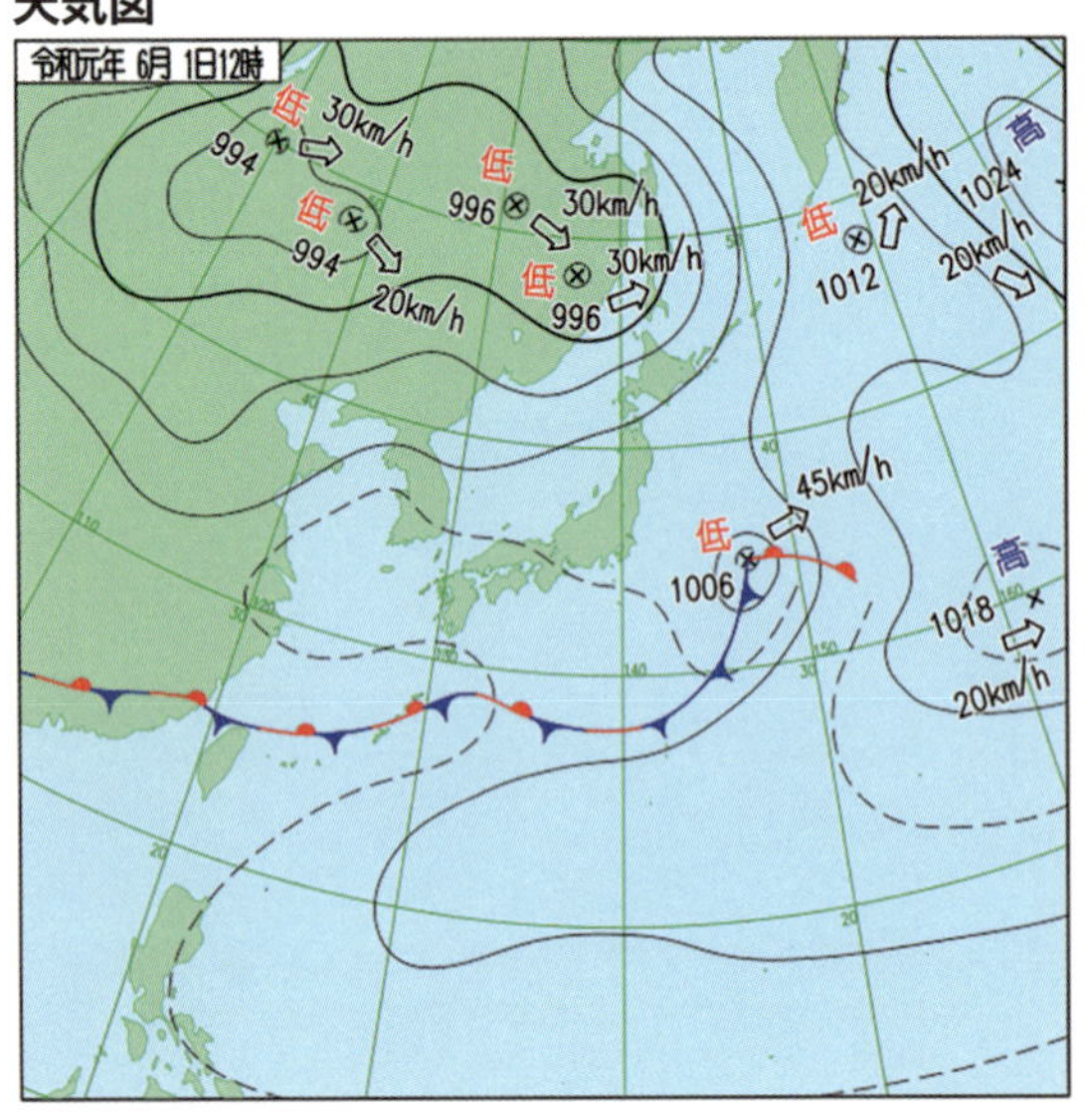

気象庁HPより

日本式天気記号

快晴	晴れ	曇り	雨	霧雨	雨強し	にわか雨
雪	雪強し	にわか雪	みぞれ	霧	あられ	雹
雷	雷強し	煙霧	砂じん嵐	地吹雪	ちり煙霧	天気不明

天気図は、大気の状態を図に表わしたもので、天気予報に必要な要素がぎっしりとつまっている。気象予報士は、何十枚もの天気図を読んで、気象状況を把握している。

ふつうよく見かける天気図は地上天気図だ。地上気圧の分布を等圧線で表わしたもので、等圧線はふつう4hPaごとに引かれている。周囲とくらべて気圧の高いところが高気圧、低いところは低気圧で、中心は×印で示される。

そして×印の近くに、高(H)、低(L)、熱低(TD)、台(T)と記入される。色をつける場合、高気圧は青色、それ以外の低気圧系はすべて赤色だ。

前線は暖気と寒気のように性質のちがうふたつの空気がぶつかり合う場所のこと。構造のちがいから大きく温暖前線、寒冷前線、停滞前線、閉塞前線の4つに分類され、種類は記号によって書き分けられている。

新聞の天気図には、上の図の日本式天気記号も記入されてる。これはラジオの気象通報を聞いて天気図用紙に記入するのに便利な形式で、天気記号は21種類(天気不明も含む)がある。

ちなみに、気象庁では天気の種類を15種類に区分していて、国際的には96種類の天気が存在する。

Part 3
自然災害はこうして起こる！

地震のメカニズム

30年以内にM8以上の地震発生確率80%

最大規模（国内）
2011年東日本大震災

大陸プレートが跳ね上がって発生する

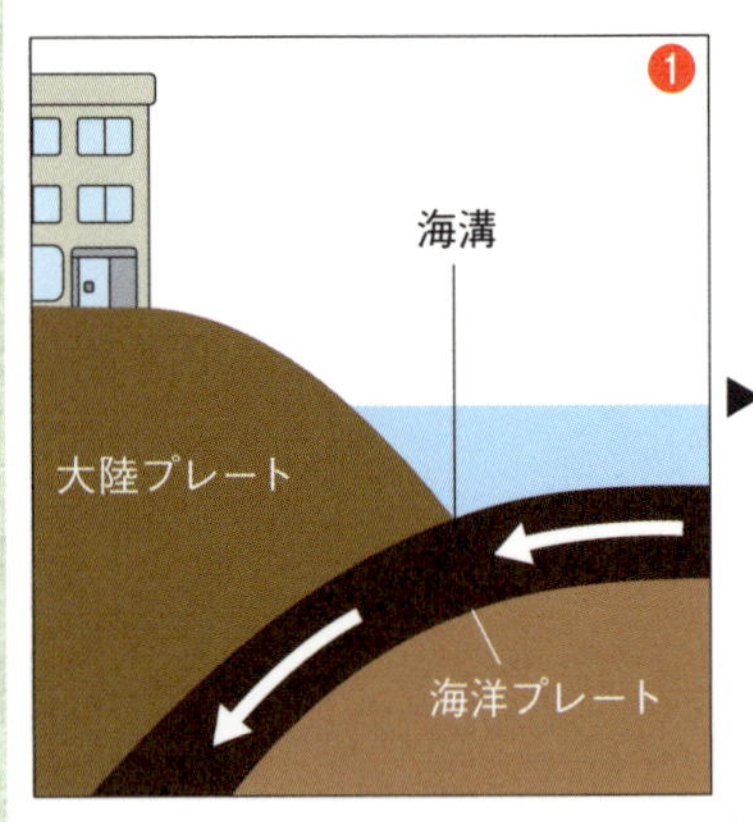

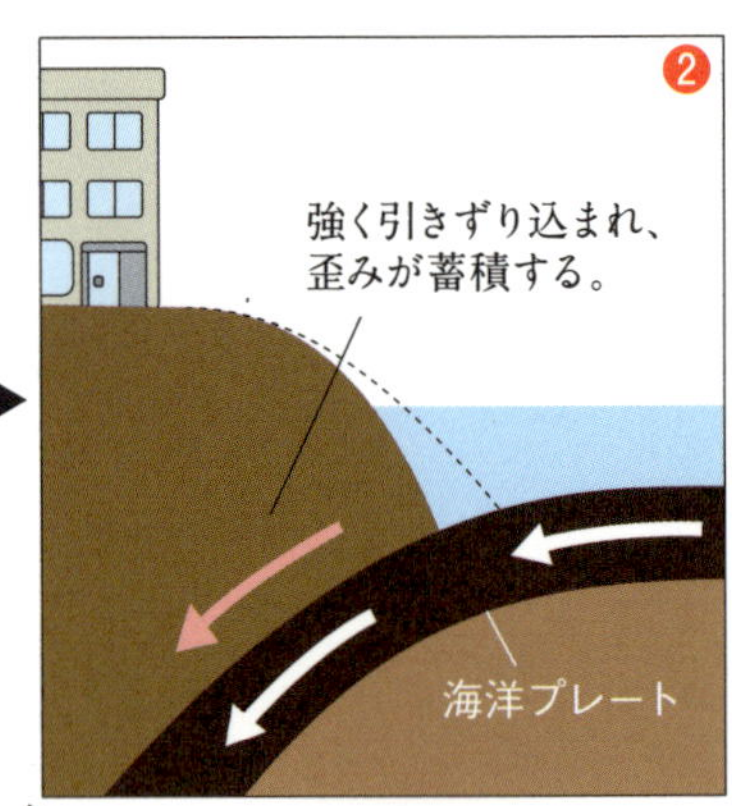

地下のマントルの動きによって、海洋プレートが大陸プレートに潜り込むと、大陸プレートが引きずり込まれて歪が蓄積する。その歪が限界を超えると、大陸プレートが跳ね上がり、地震が発生する。

複数のプレートが集中する地震多発地帯である日本

世界中で起こる地震の約1割が日本で発生している。マグニチュード6以上の大地震の2割近くが集中している地震大国だ。日本で暮らす以上、地震は避けられない。

1995年の阪神・淡路大震災や、2011年の東日本大震災、2016年の熊本地震などの甚大な被害の記憶もいまだ生々しい。

地震とは、簡単にいえば地下で起こる岩盤の「ずれ」によって発生する現象である。では、なぜ岩盤に「ずれ」が生じるのかというと、それは次のよ

甚大な被害をもたらした東日本大震災

2011年3月11日午後2時46分。三陸沖を震源に巨大地震が発生した。東日本の各地では大きな揺れを観測するとともに、海岸線に押し寄せた津波により多くの人命が失われ、東北地方の太平洋岸をはじめ、日本各地に甚大な被害をもたらした。マグニチュード9.0と発表されたこの東北地方太平洋沖地震は、国内観測史上最大の地震である。

津波に襲われた陸前高田市

東日本大震災では、陸前高田市も地震と大津波に襲われた。死者、行方不明者は2000人近くにのぼり、約7万本の松の木が茂り、日本百景にも指定されていた高田松原もほとんどが流されてしまったが、その中で唯一残ったのが「奇跡の一本松」だ。海水により2012年5月に枯死が確認されたが、陸前高田市はモニュメントとして保存整備することを決定した。また現在、一本松の保存とは別に、一本松から採取した種子や枝の接ぎ木によって後継樹を育てる試みも進められている。

うなメカニズムによるものだ。

地球は中心から、核（内核、外核）、マントル（下部マントル、上部マントル）、地殻の層構造になっている。上部マントルの地殻に近いところは硬い岩盤となっており、これを「プレート」という。地球の表面全体は十数枚のプレートによって覆われている。

プレートは地下で対流しているマントルの上に乗っているため、少しずつ動いている。その結果、プレートどうしがぶつかったり、すれ違ったり、片方のプレートがもう一方のプレートの下に沈み込んでいる。この運動によって岩盤に強い力がかかり、「ずれ」が生じて地震が発生するのだ。

陸のプレートが引きずりに耐えられなくなり、跳ね上がることで地震となるのだ。そして、日本周辺では海のプレートである太平洋プレートやフィリピン海プレートが、陸のプレートである北米プレートやユーラシアプレートに向かって1年あたり数㎝の速度で動

観測史上例のない２回の震度７！熊本地震の被害

2016年の熊本地震は、４月14日に発生したM6.5・最大震度７の前震、４月16日に発生したM7.3・最大震度７の本震が連続した。同じ場所で震度７の地震が２回起こったのは観測史上はじめてだ。さらに、４月19日までに震度５以上の地震が９回もあった。震源は布田川・日奈久断層帯で、震源の深さが10km程度と浅かったため、地上の激しい揺れを引き起こしたと考えられている。

道路が通行止に

大きく損壊した名城・熊本城

懸命な復旧作業が続く

熊本地震では熊本城も大きく損壊した。重要文化財建造物13棟すべての建造物が被災。天守閣など復元建造物の20棟もすべて被災した。とくに被害が大きかったのは石垣で、築石が崩落したのは全体の約１割、緩みや膨らみのため積み直しを要するのは全体の約３割の面積におよぶ。全部を元に戻すためには、約７万～10万個の築石を積み直すことになる。

き、プレートの下に沈み込んでいる。

今後30年以内にM８～９クラスで発生する確率は70～80％とされている南海トラフ地震は、フィリピン海プレートがユーラシアプレートと衝突してその下に沈み込む現象が原因で起こると考えられている地震だ。

ひとたび南海トラフ地震が発生すると、沿岸部には最大で30ｍを超える巨大津波が押し寄せ、最悪の場合は約32万人が死亡し、被害総額は約２２０兆円にものぼると推計されている。

ただ、地震はプレート境界で発生するだけでなく、プレート内部で発生することもある。熊本地震や１９９４年の北海道東方沖地震などは、プレートの内部に力が加わったことによって発生したものだ。

とくに熊本地震のように陸域の浅い場所で発生する地震はプレート境界の地震にくらべると規模は小さいが、人々の生活圏に近い場所で発生するため、被害が甚大になる危険性がある。

準備　いつか、かならず起こる大地震。そのための日ごろの準備

近年は「いつ、どこで、どの程度の規模」の地震が発生するかを科学的に予知するのは不可能というのが、専門家の一致した意見となっている。

ならば、いつかかならず地震は起こるという前提で、起こったあとのための準備をしておくことが大切だ。

まず備えておきたいのは、食料・飲料・生活必需品などの備蓄だ。最低３日分の飲料水（ひとり１日３リットル目安）と非常食のほか、右の図にあるものも準備しておきたい。

また、家具の下敷きになって死傷するケースが多いので、家具は壁に固定しておきたい。さらに、災害用伝言ダイヤルの使い方など、家族どうしの安否確認の方法も決めておいたほうが良い。

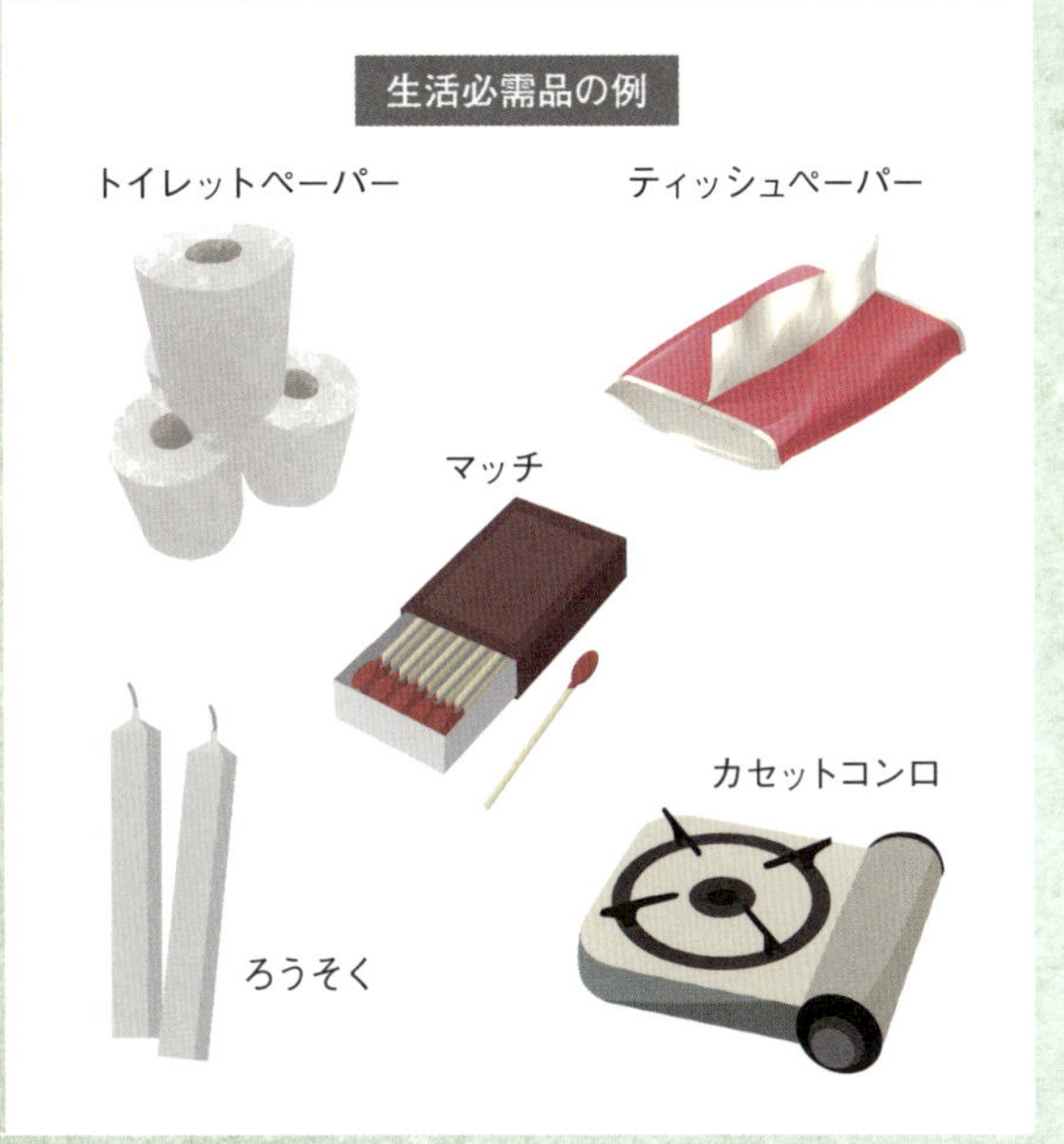

内閣府は、１週間分の備蓄を奨励している。

対策　地震が起きたら、命を守るのが最優先

地震が起こったさい、最優先すべきは身の安全だ。落ち着いて、頑丈な机やテーブルの下などに隠れよう。台所などで火を使っていた場合は、揺れがおさまってから、あわてずに火を消すこと。

揺れている最中や地震の直後にあわてて外に飛び出すと、瓦や窓ガラス、看板などが落ちてくる可能性があるので危険だ。とはいえ、いつでも避難できるように、窓や戸を開けて、出口は確保しておきたい。

避難が必要になったときは、電気のブレーカーを切り、ガスの元栓を閉めてから避難すること。その避難中や屋外で地震に遭遇したときは、ブロック塀などには絶対に近寄ってはいけない。

出典：災害写真データベース

出典：災害写真データベース

2016年熊本地震でくずれたブロック塀の様子。ブロック塀の近くはとても危険だ。

津波のメカニズム

東日本大震災による死亡原因の9割以上！

最大遡上高（国内）
2011年東日本大震災
40.5m

陸地に近づくほど波は高くなる津波

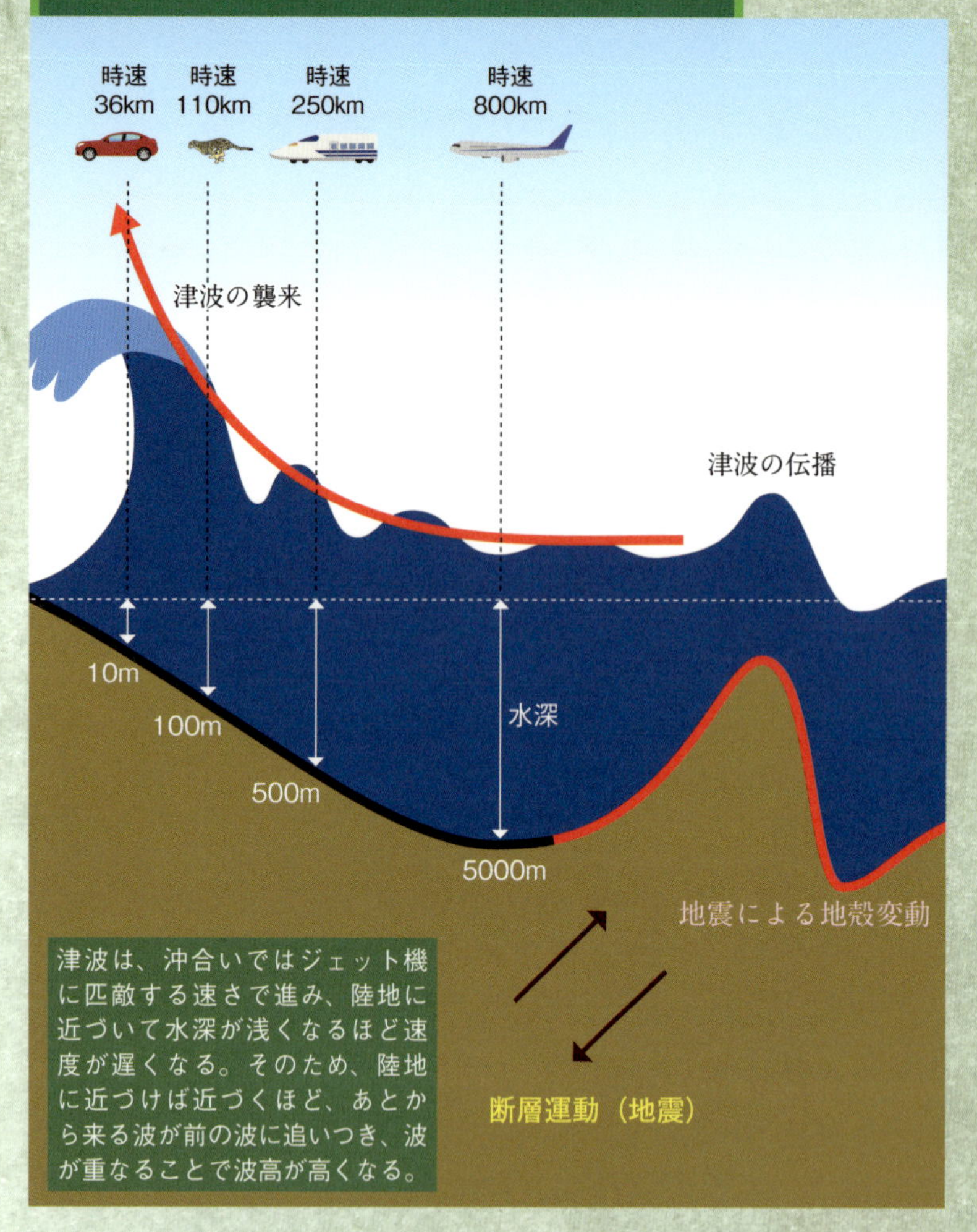

地震よりも恐ろしい津波の被害

日本で一番大きな津波は、記録されている限りでは、先に挙げた東日本大震災のときのものだ。岩手県宮古(みやこ)市で局所的に40・5mの遡上高(そじょうこう)（海岸から内陸へ津波がかけ上がった高さ）が観測されている。

東日本大震災の死傷者の9割以上は、直接的な地震の被害によって亡くなったのではなく、直後に沿岸部を襲った津波によって亡くなっている。この事実から、改めて津波の恐ろしさを実感した人も多いだろう。

津波の多くは、海底下で大きな地震

朝日新聞社提供

犠牲者の大半が津波による溺死

2011年3月11日の東北地方太平洋沖地震（東日本大震災）で岩手県宮古市の堤防を乗り越えた大津波の様子。高さ10mを超す津波により、多数の家屋や漁船、車両が押し流され、岩手、宮城、福島の太平洋沿岸部は壊滅的な被害を受けた。東日本大震災における死者の死因は、9割以上が溺死であった。改めてこの地震の津波被害の大きさが浮き彫りになる。

40mを超した津波の威力

東日本大震災の津波は岩手県宮古市で海面（平均海水面）から40.5mの高さにまで到達していたことが、全国の研究者でつくる「全国津波合同調査チーム」の分析により判明している。このチームの調査によれば、もっとも津波が高くまで来ていたのが、宮古市重茂姉吉地区だった。40.5mの高さは、およそ10階建てビルの高さに相当する。

が起こることで発生する。地震によって断層運動が起こり、海底が隆起、あるいは沈降。これにより海面が激しく変動して大きな波が生まれ、それが陸地に向かって伝わっていくのだ。

その伝播の範囲はきわめて広い。2007年8月16日には、太平洋を挟んではるか遠い南米のペルーで発生した地震による津波が、20時間以上もあとに日本沿岸に到達している。

それ以前で最大の津波は、1896年の明治三陸津波で、このときの遡上高は約38・2mである。ただ、記録には残されてない昔に、もっと大きな津波が日本を襲った可能性はある。

「引き潮」の予兆のない津波もある

一般的に「津波の前にはかならず潮が引く」とよくいわれるが、かならずしもそうとは限らない。

地下の断層の傾きや方向、津波が発生した場所と海岸との位置関係によっ

低い津波でも甘く見てはいけない

津波の威力はとても強く、20～30cm程度の高さであっても、水が一気に押し寄せてくるため、健康な成人でさえ流されてしまうことがある。大津波警報・津波警報が発表された場合は、市街地などへの浸水の危険性があるので、一刻も早く高台など安全な場所へ避難するべきだ。津波注意報が発表された場合でも海や川の河口から離れる必要がある。

©David.Monniaux 2011

津波は何度も押し寄せてくる

津波が発生するのは１回だけではない。また、津波の高さも第２波、第３波と高くなることもよくある。高台へ避難した後に波が引いても、安心して避難場所から自宅に戻ることは絶対にしてはいけない。観測された津波の高さを見て、これが最大だと誤解するのは禁物だ。津波警報・注意報が解除されるまでは、ふたたび高い津波がくると考えて、避難場所に留まろう。

ては、潮が引くことなく最初に大きな波が海岸に押し寄せることもあるのだ。「引き潮がないから、津波はこないだろう」は勘違いである。

また、海底地震が原因ではない津波もある。２０１８年12月22日にインドネシアで発生したスンダ海峡津波は、大規模な山体崩落が原因による津波であった。

具体的には、スンダ海峡の北に位置するアナク・クラカタウ山の土砂が、水深２７０ｍに達する海底へ向かって崩れ落ちる「海底地すべり」が発生。これにより、土砂によって押しのけられた大量の海水が島の南側へと波及する大規模な津波が起こり、スンダ海峡周辺のジャワ島やスマトラ島沿岸部に甚大な被害をもたらしたのだ。

日本ではそう起こるものではないが、海底地すべりによる津波は地震が原因の津波よりも突然起こるため、予測が難しく、避難も遅れがちだ。

準備　事前に避難経路を確認し、津波標識も意識

津波の危険性が高い地域では、自治体がハザードマップを作成しているケースも多い(右図は港区のハザードマップ)。もし、そういう場所に住んでいるなら、事前に浸水地域や避難場所、避難経路を確認しておこう。

実際に地震が起こったさいには、道路が通れなくなることもある。複数の避難場所や避難経路を考えておくことも大切だ。一度避難経路を歩いてみて、予行練習をしておきたい。

また、津波の危険がある場所には、津波が襲来する危険があることを示す「津波注意」のほか、「津波避難場所」や「津波避難ビル」を示す津波標識が設置されている。地元はもちろん、旅行先など、はじめて訪れる土地でも、それらの標識を意識しておこう。

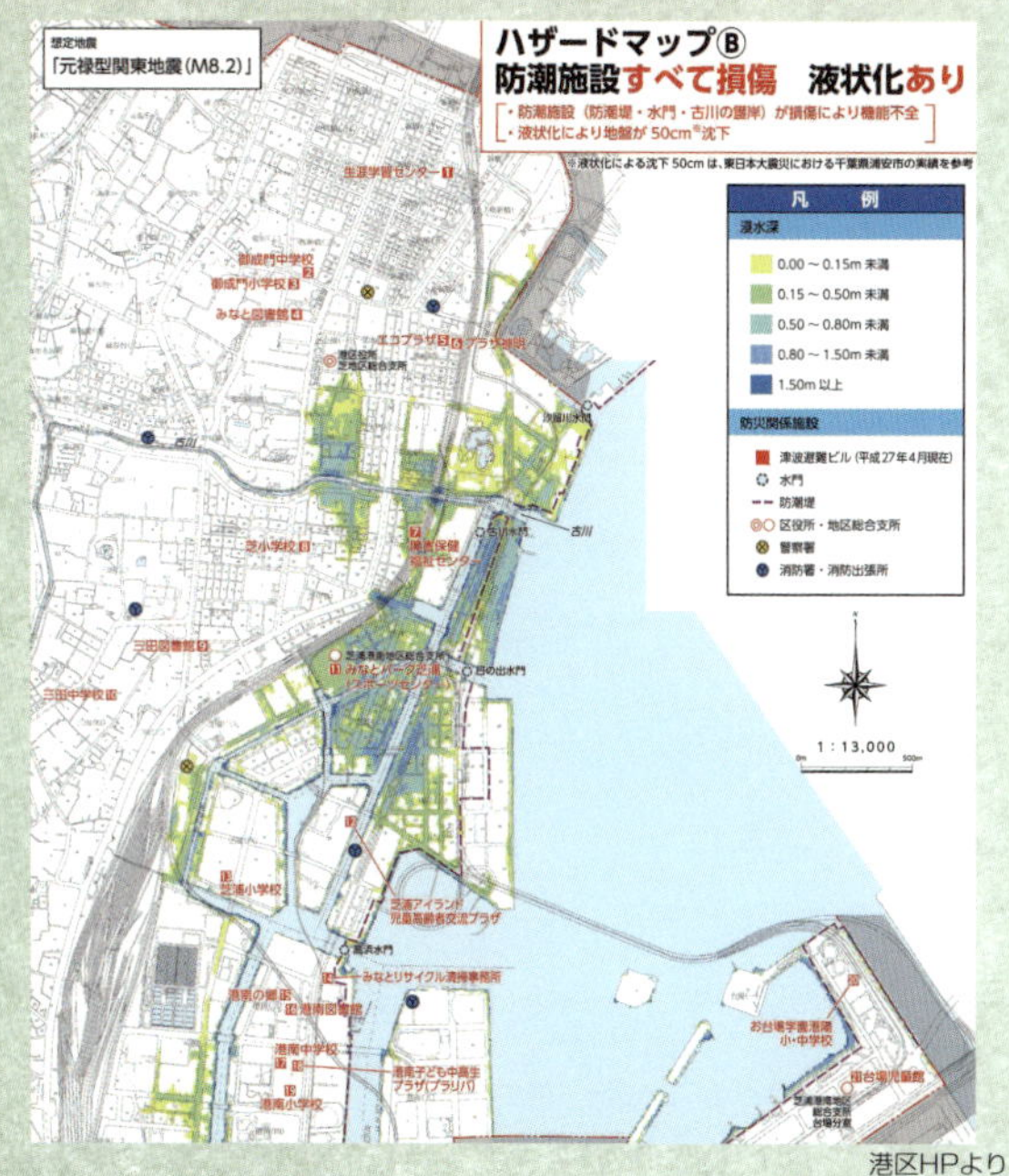

港区HPより

東京都港区の津波ハザードマップの一部。ハザードマップや、さまざまな災害標識に普段から注意しておこう。

対策　地震が起こったら、すぐに津波を想像する

津波の対策でもっとも大切なことは、地震が起こったら、すぐに「津波が起こるかもしれない」と考えて、避難行動をとることだ。海岸から多少離れた場所にいたとしても、油断は禁物である。

出典：『日本気象協会推進「トクする！防災」プロジェクト』

津波が発生したら遠くに逃げるより、高い所に逃げるのを優先。

気象庁は地震発生から約３分を目標に津波警報・注意報を発表している。だが、震源が近いと津波警報が間に合わないこともある。海の近くにいるとき大きな揺れを感じたら、津波警報などの情報を待つことなく「地震＝津波」と即座に考える習慣を身につけよう。

津波は速ければ時速４０km 近い速度で押し寄せるので、津波を確認してから避難をしたのでは逃げ切れない。当然、確認のために海岸へ向かうのは厳禁だ。

火山噴火のメカニズム

24時間態勢で気象庁が監視する危険な活火山は国内50ヵ所

活火山数（国内）

111

噴火は火口からとは限らない

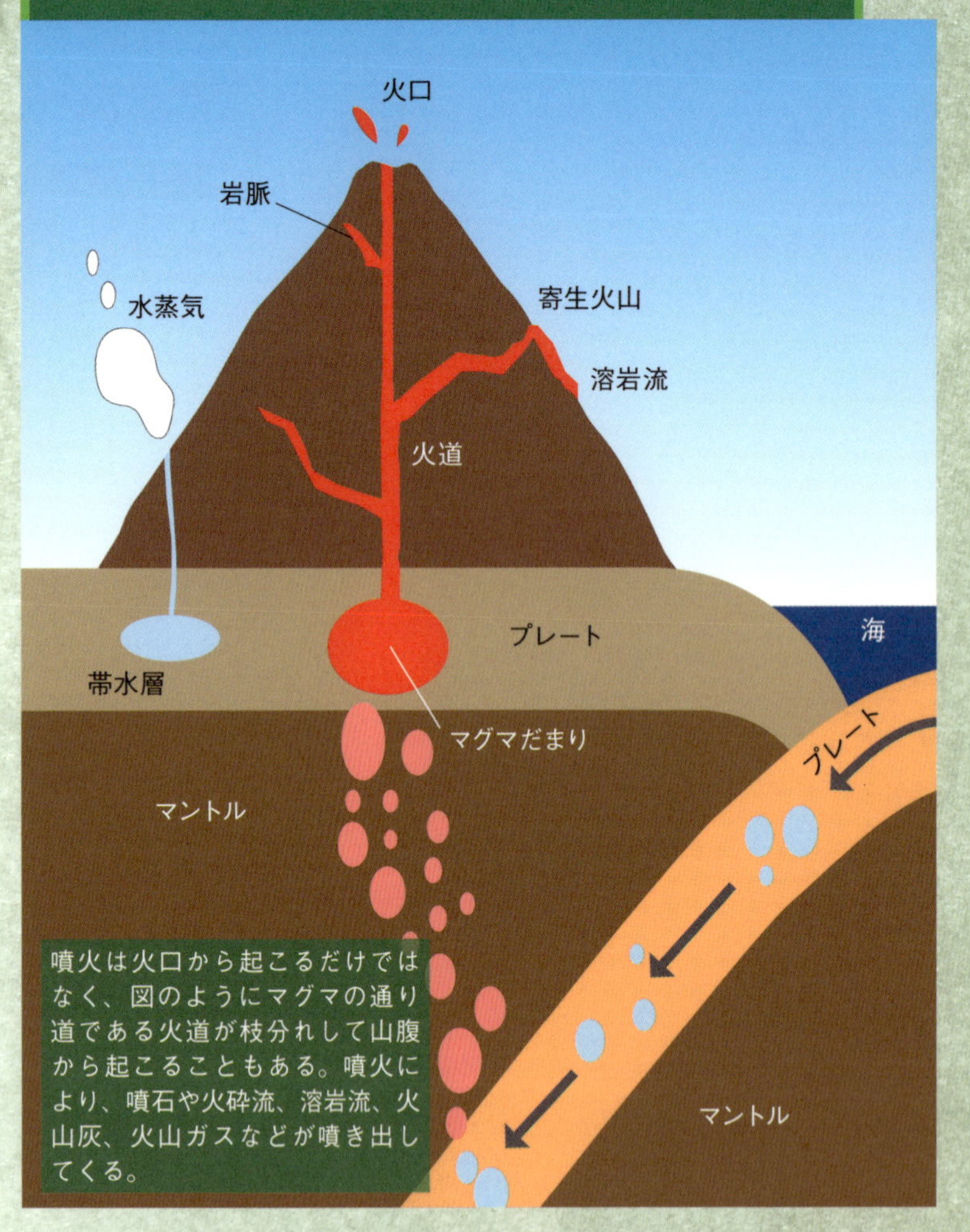

噴火は火口から起こるだけではなく、図のようにマグマの通り道である火道が枝分れして山腹から起こることもある。噴火により、噴石や火砕流、溶岩流、火山灰、火山ガスなどが噴き出してくる。

温泉大国日本は、火山大国でもある

日本各地には温泉の名所が数多くある。温泉の近くには火山があることが多いためだ。日本国内には111の活火山があり、そのうち気象庁が24時間態勢で監視している活火山が50もある。

火山の噴火はそう頻繁に起こるわけではないが、一度発生すると甚大な被害をもたらすこともある。

58人もの死者を出し、戦後の日本で最悪の火山災害とも呼ばれる2014年の御嶽山（おんたけさん）噴火や、全島民が避難することになった2015年の口永良部島（くちのえらぶじま）噴火などを覚えている人もいるだろ

©Alpsdake 2014

多くの犠牲者を出した御嶽山の噴火

2014年に多くの犠牲者を出した御嶽山の噴火。気象庁は、2008年から、御嶽山を常時監視していたが、監視以来6年以上にわたり、警戒レベルは1のままで、気象庁は毎月、「火山活動に特段の変化はなく、静穏に経過しており、噴火の兆候は認められません」との報告を出し続けてきた。それが突然、噴火を起こしたため被害が広がったのである。

ようやく解除された噴火警報

2018年に御嶽山の噴火警報は解除され、噴火警戒レベルは2（火口周辺規制）から1（活火山であることに留意）に引き下げられた。ただ、2014年に噴火が発生した火口列の一部の噴気孔では、引き続き噴気が勢いよく噴出しており、状況によっては、火山灰などのごく小規模な噴出が突発的に発生する可能性があるとされている。安心はできないのだ。

©Alpsdake 2014

う。また、人類の歴史では、数万〜数十万人もの死者を出した巨大噴火もあったと考えられている。

火山噴火とは、地下深部で発生したマグマが地表に噴出する現象の総称である。地球の表面を覆うプレートが大陸の下に沈み込むさいに、マントルの一部が溶けてマグマが生成されるとされている。

マグマは周辺の岩石よりも比重が軽く、高温の液体であるため、地表から5〜20㎞の地点まで上昇し、留まるという性質をもっている。これを「マグマだまり」という。

そして、マグマには水蒸気をはじめとするさまざまなガスが溶け込んでおり、上昇することで圧力が減ると体積が徐々に増えていく。そのマグマの体積が増えることで、地表に出ようとする強い力が働き、やがて火口を押し開いて噴火するのだ。

マグマに溶け込んでいる水蒸気は噴火のさい、約1700倍にも増加する。

常時観測されている50の火山

日本では、「今後100年程度の中長期的な噴火の可能性及び、社会的影響を踏まえ、火山防災のために監視・観測体制の充実等の必要がある火山」として、常時観測を行なう50火山が選定されている。これらの火山は、地表地震計、地中地震計、GPS観測装置、遠望カメラなどの装置により、24時間体制で観測が続けられている。

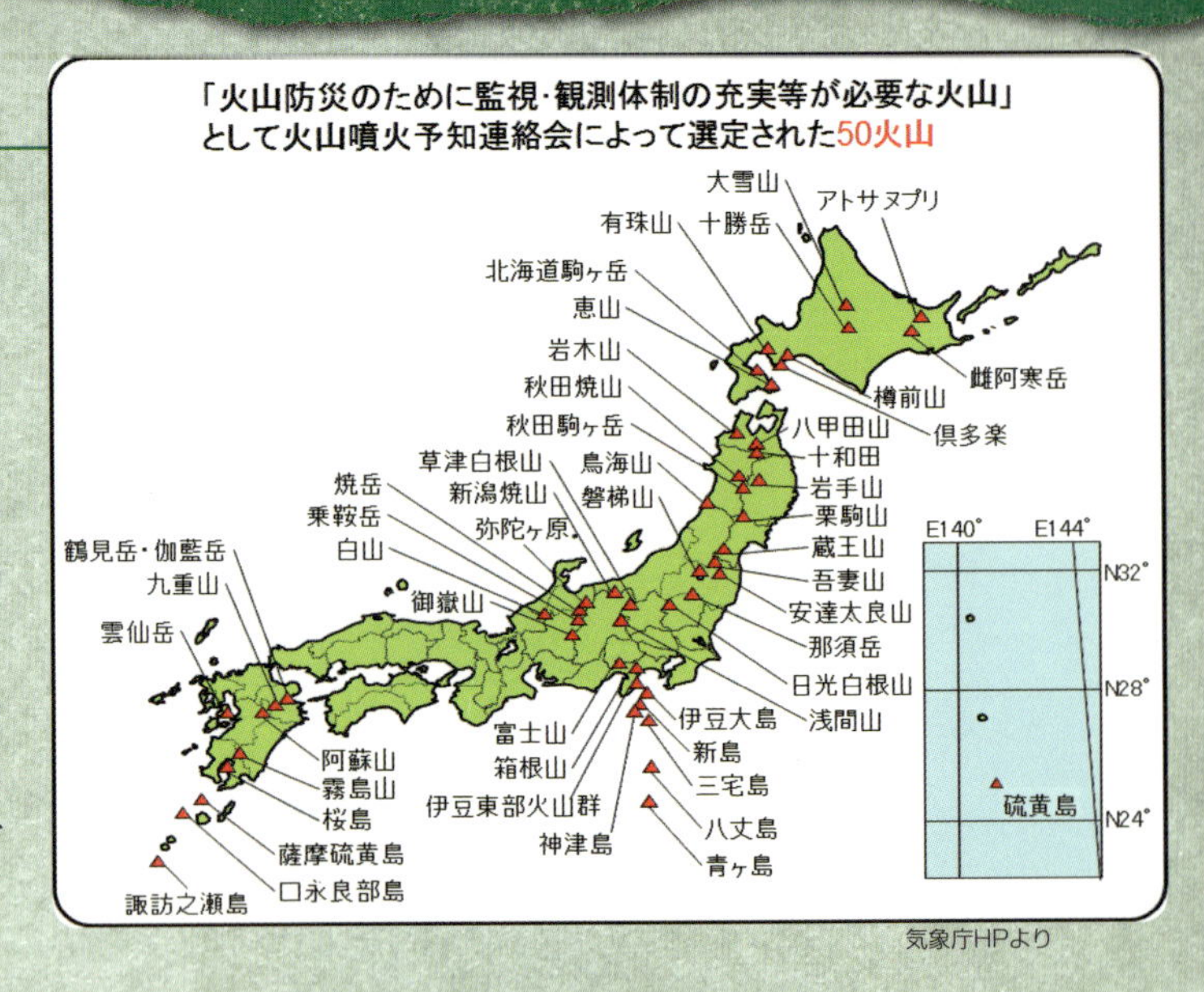

気象庁HPより

10人以上の死者・行方不明者が出た火山活動

気象庁はホームページで「18世紀以降、我が国で10人以上の死者・行方不明者が出た火山活動」の一覧を公表している。20世紀以降のものとしては、1900(明治33)年7月17日安達太良山(あだたらやま)の噴火で72人が亡くなったものから、2014(平成26)年9月27日の御嶽山の噴火で63人が亡くなったものまで、全部で9回の噴火が記録されている。

噴火年月日	火山名	犠牲者数	備考
1900(明治33)年7月17日	安達太良山	72	火口の硫黄採掘所全壊
1902(明治35)年8月上旬	伊豆鳥島	125	全島民死亡。
1914(大正3)年1月12日	桜島	58～59	噴火・地震による「大正大噴火」
1926(大正15)年5月24日	十勝岳	144(不明を含む)	融雪型火山泥流による「大正泥流」
1940(昭和15)年7月12日	三宅島	11	火山弾・溶岩流などによる
1952(昭和27)年9月24日	ベヨネース列岩	31	海底噴火(明神礁)、観測船第5海洋丸遭難により全員殉職
1958(昭和33)年6月24日	阿蘇山	12	噴石による
1991(平成3)年6月3日	雲仙岳	43(不明を含む)	火砕流による
2014(平成26)年9月27日	御嶽山	63(不明を含む)	噴石等による

これが膨大な噴火のエネルギーとなるのである。

「休火山」や「死火山」という分類はない

ところで、かつては「活火山」に「休火山」「死火山」という火山の分類がニュースで使われていた。

噴火、あるいは噴気活動を続けている火山を活火山、活動はしていないが歴史上噴火の記録がある火山を休火山、噴火の記録がない火山を死火山としていた。だが、いまはこのような分類はされていない。

長期間にわたって活動を休止していた火山が突然活動を再開するケースもあり、近年は過去1万年以内に噴火したことがあれば、すべて活火山と定義することになっている。これにともない、休火山や死火山という用語は使われなくなった。

何千年も噴火していない火山も、いつまた噴火するかわからないのだ。

準備　噴火警報や噴火警戒レベルを意識する

火山の近くに住んでいる場合や、登山をするさいには、あらかじめハザードマップ（火山防災マップ）を見て、避難場所や避難経路を確認しておく必要がある。また、気象庁が発表する噴火警報や噴火警戒レベルをつねに意識しておこう。

噴火警戒レベルには５段階あり、それぞれ「とるべき防災対応」が決まっている。たとえばレベル３ならば入山規制、レベル４なら避難準備、レベル５なら避難といった具合だ。

ただ、火山活動は想定外のことも多く、同じ火山でも噴火に至る過程や火口の位置などが過去の噴火の事例とは違うこともめずらしくない。避難をするさいは臨機応変な対処ができるよう心がけたい。

©那須岳火山防災協議会

那須岳の火山防災マップの一部。範囲だけではなく、前兆現象などにも注意したい。

対策　気をつけたい危険な火山灰

種別	名　称	対象範囲	レベルとキーワード	
特別警報	噴火警報（居住地域）又は噴火警報	居住地域及びそれより火口側	レベル5	避難
			レベル4	避難準備
警報	噴火警報（火口周辺）又は火口周辺警報	火口から居住地域近くまで	レベル3	入山規制
		火口周辺	レベル2	火口周辺規制
予報	噴火予報	火口内等	レベル1	活火山であることに留意

気象庁HPより

火山警戒レベルには5段階ある。噴火警報とあわせて注意したい。

火山は、ひとたび噴火してしまうと、噴石や火砕流、泥流などが短時間で居住地域に襲来する可能性がある。そのため、少しでも噴火の予兆があったら、事前に避難することが肝心だ。

噴火後、屋根や道路に火山灰が降り積もり、除去しなければならないこともある。そのさいは、肺を守るために防塵マスクをかならず着用しよう。また、目を傷つけないために、コンタクトレンズは絶対に使わず、ゴーグルやメガネを着用しなければならない。

屋根の上の火山灰を除去するときには、火山灰はすべりやすいので注意しよう。そして、まとめた火山灰はつまりやすいため、けっして下水に流してはいけない。

液状化と地盤沈下のメカニズム

平野部や埋立地など、人が多く暮らす土地で発生しやすい

東日本大震災の液状化の住宅被害件数

26914件

東日本大震災でも広範囲で発生

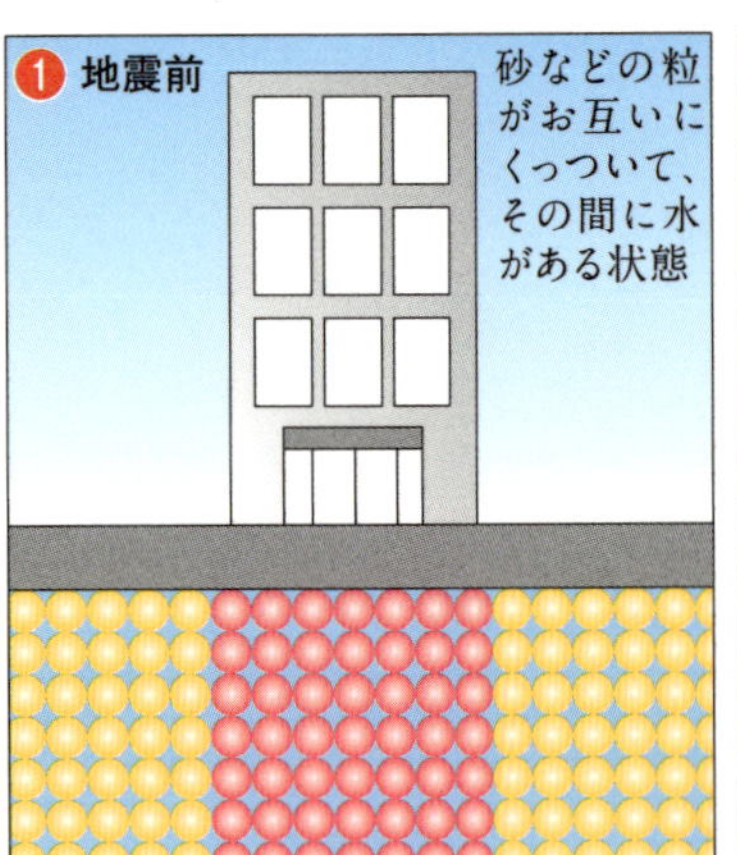

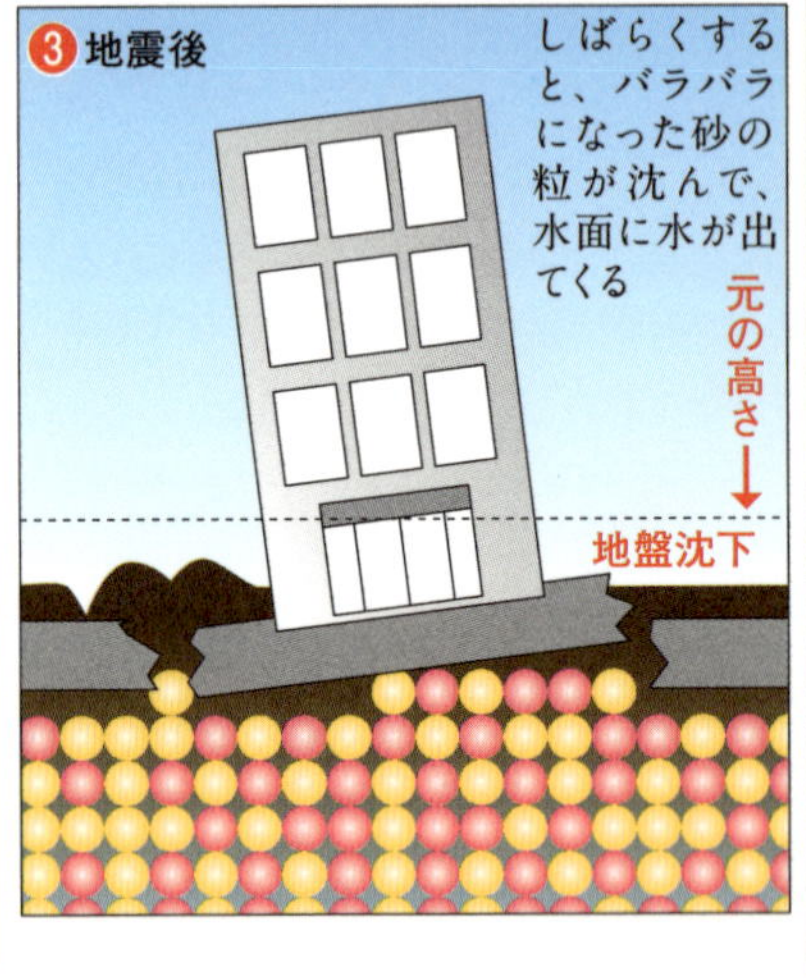

硬いはずの地面が、ゆるゆるになってしまう液状化現象。噴砂という、水と砂が地中から噴き上げてくる現象による被害も無視できない。東日本大震災では、9都県80市町村で液状化被害が確認された。

ライフラインが寸断されてしまう液状化

巨大地震が引き起こす現象に、液状化がある。これは、地震の揺れによって、地盤が液体状になることだ。

液状化が起こると、その上に建っている建築物が沈下したり、傾斜したりしてしまう。とくに、建物重量が軽くて基礎が浅い木造住宅は、傾斜や沈下などの被害を受ける可能性が高い。

また、地下に埋設された水道管やガス管、電線などもダメージを受け、ライフラインが寸断されてしまう。これによって通常の生活が送れなくなるのはもとより、震災からの復興が遅れて

朝日新聞社提供

道路が大きく陥没する液状化現象

2018年に北海道で起きた震度7の地震により、札幌市清田区では広範囲に液状化が発生した。とくに同区里塚の被害は大きく、道路は波打ち、陥没は数mにおよんだ。また、家屋は陥没でできた穴に飲み込まれるように傾いた。清田区では区内4カ所に避難所を設置。里塚を中心に120人ほどが液状化などによる難を逃れて避難した。

上と同じ清田区里塚は、かつて沢があった湿地帯に火山灰を含む土で盛り土した住宅地であり、比較的地盤が弱いとされている。そのため、2003年の十勝沖地震でも付近で液状化が発生した。2018年の地震では液状化の影響により、里塚にある約200戸では断水も発生。水道管などの損壊がひどく、復旧にはかなりの時間がかかり、住人の生活は困難を極めた。

朝日新聞社提供

しまうことも多い。

そんな液状化が発生するメカニズムは次のようなものだ。

まず、同じ成分や同じ大きさの砂からなる土が地下水で満たされている地盤で、液状化は発生しやすいとされている。そのような地盤は、普段は砂の粒子が結びついて支えあっている。しかし、地震によってくり返される振動で地中の地下水の圧力が高まると、砂の粒子の結びつきがバラバラになり、地下水に浮いたような状態になってしまう。これが液状化である。

液状化が発生する条件は3つあり、①緩く堆積（たいせき）した砂地盤であること　②飽和した（地下水位よりも深い深度にある）土層であること　③地震動の強さが大きいことや継続時間がある程度長いことだ。

一般的には、この3つの条件をすべて満たさないと、液状化は起こらないとされている。だが、人口が集中する平野部や埋立地で起こりやすいため、

福岡市博多区の大規模陥没事故

2016年11月8日、福岡市博多区のＪＲ博多駅前の市道２カ所が縦約10m、横約15mにわたって陥没するという事故が起こった。穴は徐々に大きくなり、最終的には計５車線の道幅いっぱいの約30m四方、深さは約15mにもなった。現場は地下鉄延伸のための工事中で、福岡市は掘削が陥没の原因となったことを認めた。

朝日新聞社提供

朝日新聞社提供

福岡市博多区のＪＲ博多駅前の陥没事故により、都市機能を担う上下水道、電気、ガス、通信、そして道路のインフラは軒並み途絶。周囲のビルにも避難勧告が発令されるなど、現場は大混乱に陥った。復旧工事は本来なら数カ月はかかってもおかしくはない状態だった。しかし、福岡市の総力を結集して、事故１週間後には道路が通行可能になるまで復旧した。

いったん発生すると、その被害は甚大なものとなってしまう

二次被害も引き起こしてしまう地盤沈下

地面が沈下する現象の総称を地盤沈下という。これは、地震による液状化などの自然現象が原因で引き起こされることもあるが、人工的な原因によって発生することもある。

具体的には、工業用水や農業用水に使うために地下水をくみ上げすぎたり、天然ガスをくみ上げたりすることで、地中で地盤を支えていたものがなくなり、沈下してしまうのだ。

地盤沈下が発生すると、建物の傾斜やひび割れ、ガスや水道などの地下配管の破損が起こる。

さらに、地表面と河川や排水路の水面との高低差がなくなることで排水が悪化する。集中豪雨はもちろん、少しの雨でも、すぐに浸水被害が発生するようになってしまう。

準備　液状化の危険性はハザードマップで確認

家を建てる前なら、地域のハザードマップなどを確認して、建設予定地に液状化の危険がないか確認しよう。

ただ、液状化の危険性がある土地に、すでに家を建ててしまった場合でも、地盤改良を行なうことはできる。方法としては、地盤にモルタルを圧入する圧入締固め工法や、薬液を注入することで地盤を固化する薬液注入工法、井戸を掘って地下水位を低下させる地下水位低下などの手段がある。

地下水のくみ上げによる地盤沈下に対しては、個人で準備できることはあまりない。だが、「工業用水法」や「建築物用地下水の採取の規制に関する法律」などで地下水の採取にかんしては、厳しく規制がかけられている。

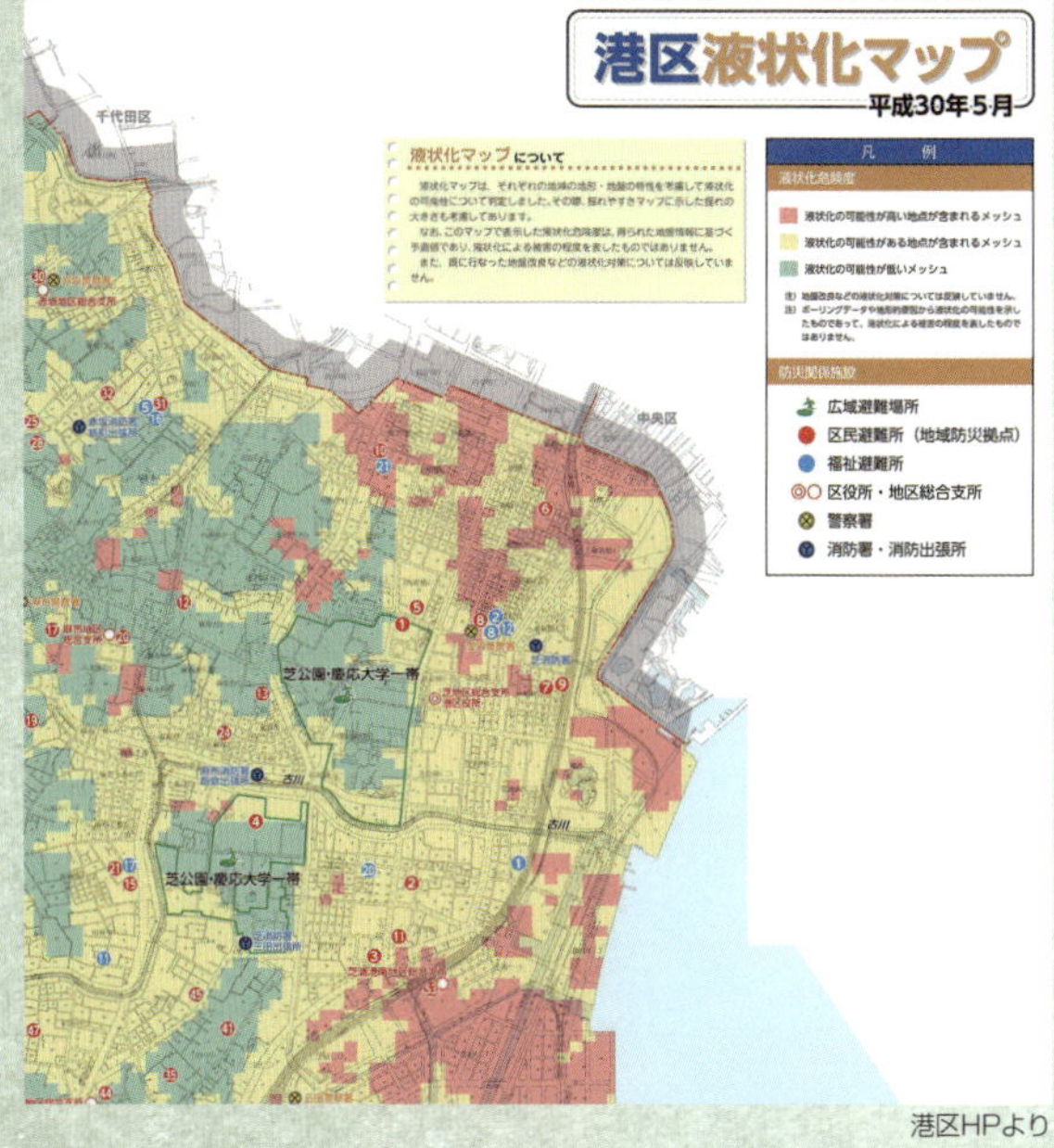

港区HPより

東京都港区の液状化マップの一部。赤色部分が、液状化の可能性が高い地点を示している。

対策　沈下したり傾斜してしまった家も修復は可能

出典：災害写真データベース

液状化によって隆起したマンホール。東日本大震災では１万戸を越す戸建て住宅が液状化により沈下したり傾斜したりした。

液状化によって自宅が沈下したり傾斜したりしてしまった場合には、いくつかの修復方法がある。

基礎下へ薬液を注入して建築物の沈下を修復する注入工法や、基礎下にジャッキを用いて鋼管を圧入するアンダーピニング工法（鋼管圧入工法）、基礎下に耐圧版を敷設する耐圧版工法などだ。ただ、どれも数百万円から１０００万円程度かかることは覚悟しなければならない。

地盤沈下による浸水被害が想定される地域に住んでいる場合は、雨が降ったときは万一を考え、大切なものを高いところに上げておくなどの準備をしておこう。「この程度の雨なら大丈夫だろう」という思い込みは危険だ。

土砂災害のメカニズム

特定の地域でしか発生しないが、起こると被害は甚大

土砂災害の平均発生件数
2007年～2016年

1052件/年

3種類の土砂災害の特徴

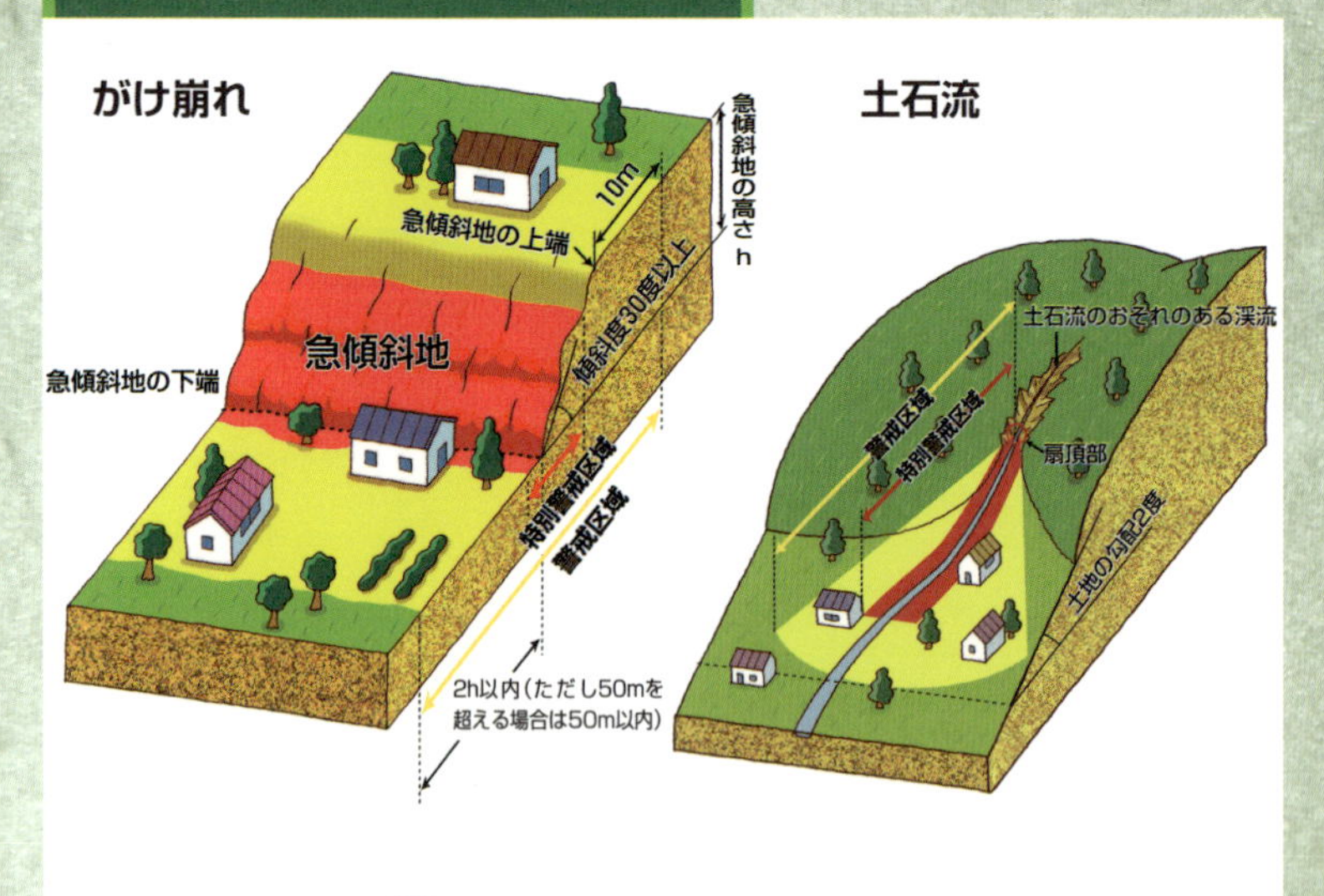

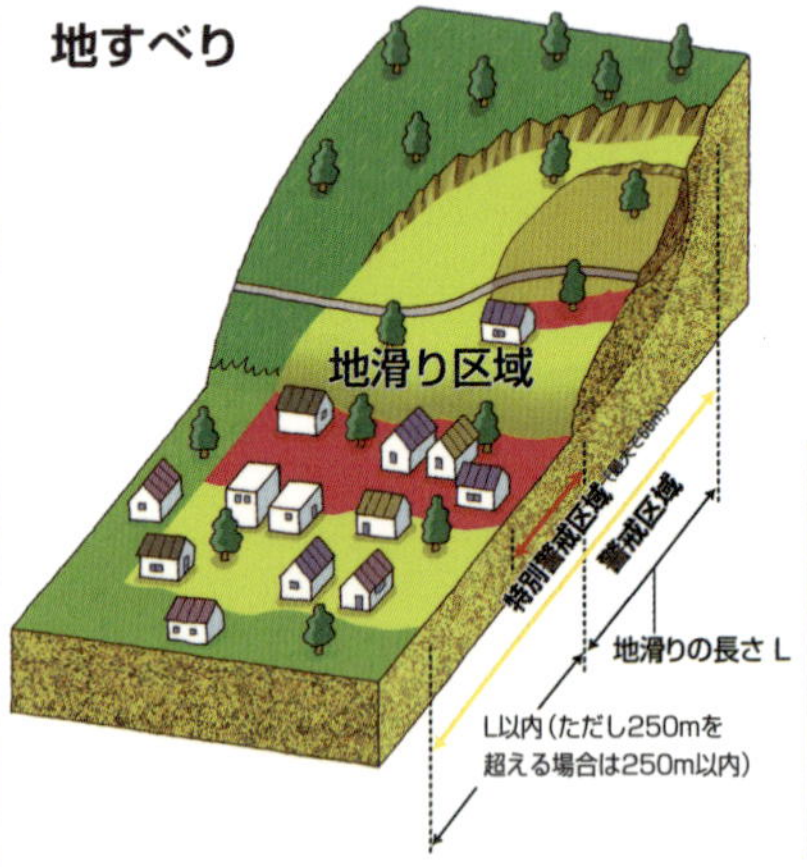

「土石流」が発生しやすいのは、勾配の急な谷川だ。「地すべり」が一度発生した場所では、くり返しやすい。がけの下よりも上のほうが張り出しているがけは、強い風が吹いただけでも「がけ崩れ」を起こすことがある。

多数の死者を出した広島の土砂災害

山やがけの土砂が崩れたり、崩れた土砂が雨水や川の水と混じって流れてきたりすることにより、家屋や道路、田畑などが土砂で埋まったり、人命が奪われる災害を俗に「土砂崩れ」という。正式な名称は土砂災害だ。

土砂災害は、一度発生すると甚大な被害をもたらすこともあるが、どんな条件の土地でも起こる自然災害というわけではない。

2014年8月20日に広島県広島市北部の安佐北区や安佐南区で、豪雨が原因により土砂災害が起こり、死者74

©メルビル 2015

広島豪雨の住宅被害は、全部で1746棟

74人の死者・行方不明者を出した2014年8月の広島豪雨。犠牲者は、ひとりを除いて土砂災害が原因で亡くなっている。また、屋内犠牲者がほとんどだったことから、住宅ごと土砂に飲み込まれて亡くなったことがわかる。ちなみに、全壊、半壊、一部損壊などを含めた住宅被害は、全部で1746棟にもおよんだ。これだけの被害を集中豪雨が生んだのだ。

土石流に強いのは鉄筋コンクリート造の建物

広島豪雨後の調査によれば、犠牲者が出た世帯は、ほぼ「倒壊」のみ。「倒壊」世帯は土石流到達範囲最上流部に基本限定された。また、鉄筋コンクリート造の建物はほぼ「倒壊」していない。ここからわかることは、土石流が発生したら、最寄りの堅牢な建物や、少しでも高所の建物を切迫緊急時の避難先として考えておくことが重要ということだ。

人を出した惨事は記憶に新しい。

そんな土砂災害は、発生のメカニズムや土砂の動き方から、「土石流」「地すべり」「がけ崩れ」の3つに分類されている。次に、それぞれのメカニズムについてくわしく解説する。

豪雨、雪どけ、地震のあとは要注意

「土石流」とは、山や谷の土石が豪雨などによって崩れ、水と混じってドロドロになったものが猛烈な勢いでふもとに流れ出す現象だ。豪雨以外にも、雪どけ水などが原因でも起こる。

そのスピードは時速40～50kmにも達し、谷を削りながら流れ下ってくる。そのさい、大きな岩や大木を巻き込んで流れは強くなり、谷の出口で扇形に広がり、やがて止まる。先に挙げた広島の土砂災害も、この土石流によるものであった。

「地すべり」は、比較的ゆるやかな斜面の広い範囲が、すべり落ちていく現

約9割の市町村が土砂災害の危険あり

日本列島は国土の約７割が山地・丘陵地であり、急流河川が多く、地質的にも脆弱だ。そのため、全国の約９割の市町村が土砂災害の危険と隣合わせとなっている。また、台風や梅雨前線などによって豪雨が降りやすい環境でもある。2007年～2016年の土砂災害発生件数は年平均で約1000件を上回っており、甚大な被害が生じている。

■ 2007年～2016年の土砂災害発生件数

※小数点以下四捨五入

	H19	H20	H21	H22	H23	H24	H25	H26	H27	H28	H19～28年の平均
がけ崩れ	675	452	803	767	781	505	590	769	599	1,040	698
土石流	129	154	149	234	419	256	262	338	145	399	249
地すべり	162	89	106	127	222	76	89	77	44	53	105
合計	966	695	1,058	1,128	1,422	837	941	1,184	788	1,492	1,052件

がけ崩れ

急な斜面が崩れ落ちる

土石流

土砂などが水と一体となって流れ出す

地すべり

ゆるやかな斜面の広い範囲がすべり落ちる

象だ。家屋や田畑、生えている木などが地面とともに動くため、大きな災害となることも多い。

また、地すべりで落ちた土砂が川をせき止めたために、土石流が発生することもある。

地層の中には、水をよく通す層と通しにくい層がある。雨が降ったりして大量の水が地面にしみ込むと、水は「水を通しにくい地層」の上に溜まる。その結果、その地層より上の地面がたまった水の浮力で持ち上げられ、そこが斜面だと下へすべり落ちていくのだ。

「がけ崩れ」は、突然、急な斜面が崩れ落ちる現象のことである。雨水や雪解け水が、がけに大量に染み込んだことが原因で発生したり、地震の揺れによって発生したりする。

とくに5m以上の高さがあり、傾きが30度以上の急ながけは危険だ。がけ崩れが発生すると、ほとんど逃げる時間がないので、そういう場所には極力近づかないことだ。

準備　地元のお年寄りの話が役立つことも

　土砂災害に対しては、普段から危険な場所はどこかを把握しておくことが大切だ。危険な場所は、ハザードマップで調べることができる。

　また、土砂災害が起こる危険性が高い場所には、「土石流危険渓流」や「がけ崩れ注意」といった看板が立てられていることが多い。近所にそのような看板がないかを調べておき、大雨のときなどには近づかないようにしたい。

　土砂災害は、同じ場所で同じ災害が何度もくり返される傾向がある。そのため、地元で昔から暮らしているお年寄りに話を聞いたり、図書館などで「市史」や「町史」などを調べて、地域の災害について知っておくことも、いざというとき役立ってくれる。

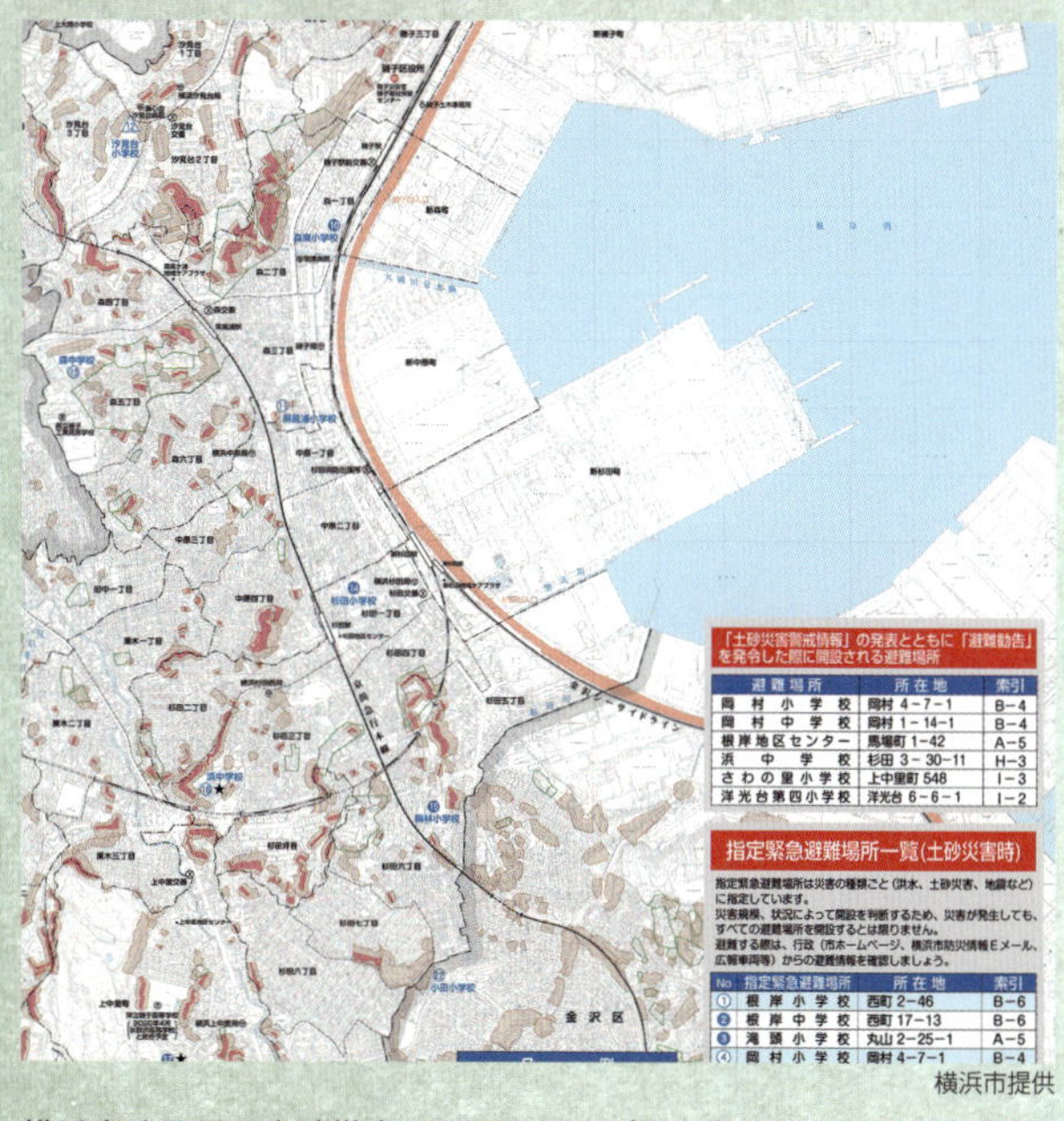

横浜市提供

横浜市磯子区の土砂災害ハザードマップの一部（2019年4月時点）。赤色部分が土砂災害特別警戒区域である。

対策　土砂災害の予兆を早目にとらえる

大雨警報（土砂災害）の危険度分布

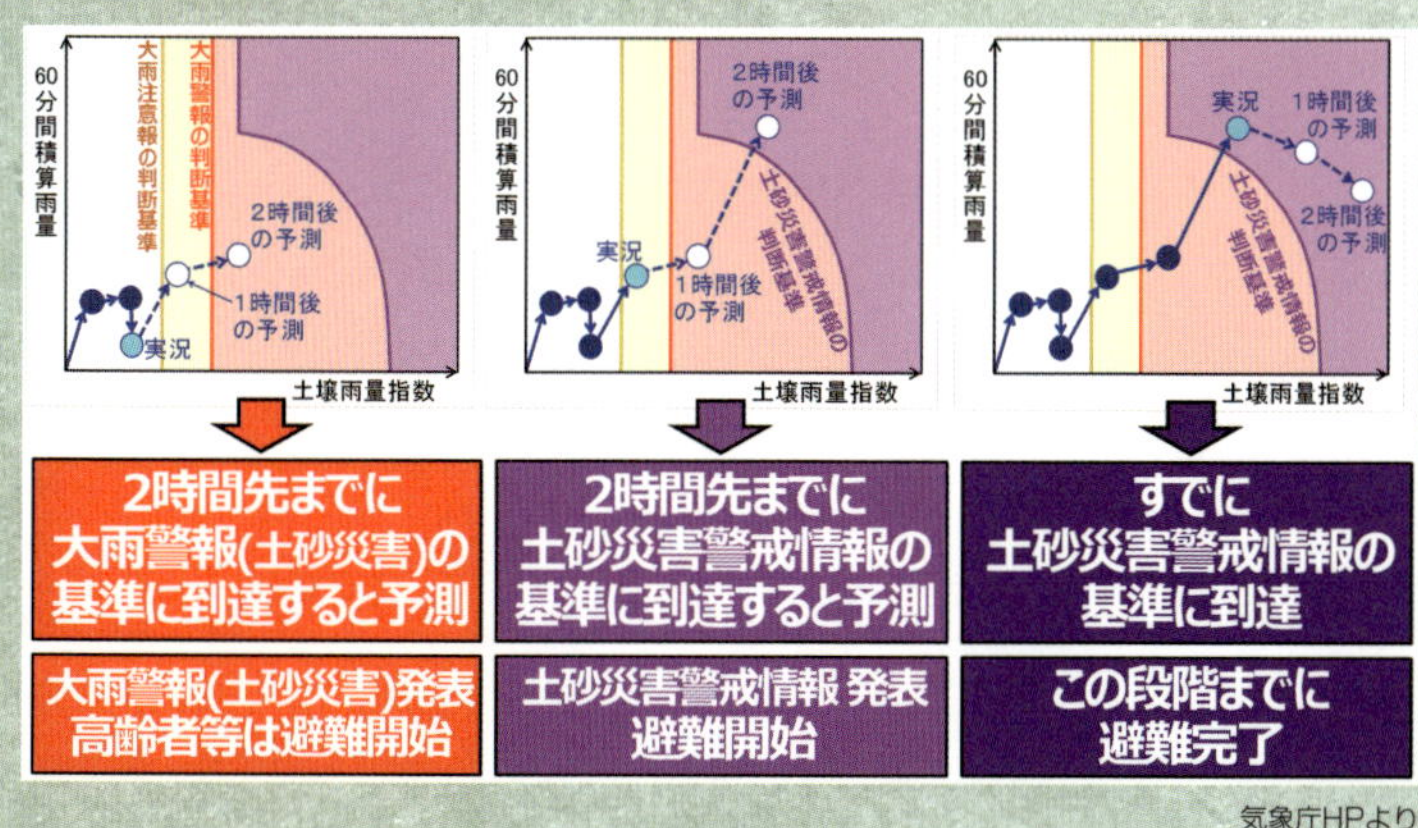

気象庁HPより

大雨警報の危険度は、赤色（警戒）、薄い紫色（非常に危険）、濃い紫色（極めて危険）の順に危険度が高くなる。

　土砂災害は圧倒的なパワーとスピードで襲いかかってくるため、災害が起こってから避難しようとしても間に合わないケースがほとんど。大切なのは、予兆を早目にとらえることだ。

　まず、大雨警報が出たら、つねに危機感をもつようにしよう。そして、土砂災害警戒情報が発表されたら、すぐに避難しなければならない。

　ただ、避難したくても、建物の外に出ることが危険な場合もある。そんなときは建物の斜面とは反対側の２階以上に移動したほうが良い。これだけで、助かる可能性が上がる。

　また、渓流の水が濁ったり、水位が急に減少したりするなど、ふだんと少しでも違うことがあれば警戒が必要だ。

洪水のメカニズム

豪雨などが原因で起こる!

最大水位危険度

都市型洪水のしくみ

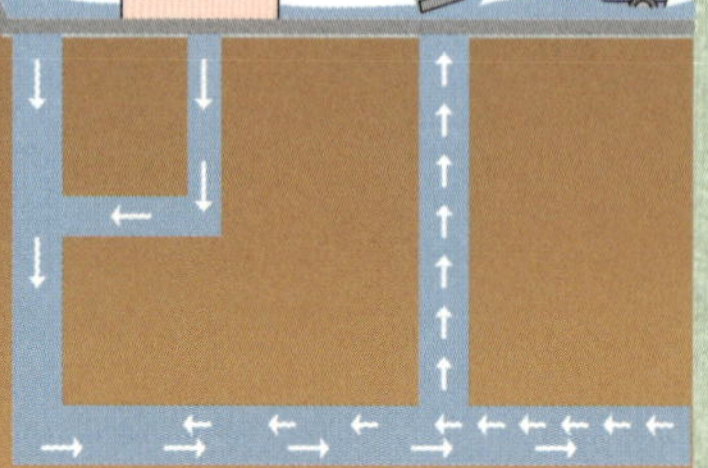

コンクリートに覆われた都市部では雨が地中に染み込まないため、下水道で処理するしかない。だが、集中豪雨などによって処理能力を越えると、雨水が下水道を逆流し、マンホールなどからあふれ出してしまう。

2種類の洪水、「外水氾濫」と「内水氾濫」

古代エジプト文明は、ナイル川が洪水をたびたび起こしたことで土壌が肥沃化され、それによって発展したことから「ナイルの賜」ともいわれている。このように洪水は人間に恩恵をもたらす例もあるが、甚大な被害をもたらすことのほうが多い。

2015年9月に関東・東北地方を襲った豪雨により、鬼怒川で越水や、堤防からの漏水が発生。死者2人、災害関連死12人、負傷者40人、全半壊家屋5000棟以上という大規模な被害となったことを覚えている人も少なく

朝日新聞社提供

2018年の集中豪雨がもたらした水害

2018年7月に猛烈な豪雨が続き、西日本各地に土砂崩れや洪水を引き起こした。この結果、800万人以上に避難指示・勧告が出された。このときの大雨による死者数は、1982年以降で最多となった。また、日本全国で約27万世帯が断水し、数千世帯が停電に見舞われた。このような災害が近年も、毎年のように日本各地で発生している。

鬼怒川の洪水で約4300人が救助される

朝日新聞社提供

2015年9月に鬼怒川で発生した水害は、関東・東北豪雨によって茨城県を流れる鬼怒川が氾濫し、流域の5つの市が洪水に飲み込まれた。住民は孤立し、約4300人が救助されたが、災害関連死と認定された12人を含む14人が死亡。多くの住宅が全壊や大規模半壊などの被害を受けた。鬼怒川は以前から氾濫の危険性が指摘されていたという。

ないだろう。

そんな洪水は、「外水氾濫」と「内水氾濫」の2種類に分けられている。

「外水氾濫」は、次のような順番で発生する。まず、大雨などによって川の水が増え、水かさが増す。堤防いっぱいまで水が増えると、水の圧力が堤防にかかるようになる。

やがて、水の圧力に堤防が耐えられなくなり、堤防の一部が決壊。崩れた場所を通って水が勢いよく流れ出し、住宅地などに襲いかかるのである。

「内水氾濫」の発生過程は次のようなものだ。通常、街などに降った雨は下水道などを通って川に排水されている。だが、排水能力を越える大雨が降ると川の水位が上がって排水されにくくなり、下水道などがあふれてしまう。

これにより、住宅や道路が冠水してしまうのが「内水氾濫」だ。また、道路の側溝にゴミなどがつまることで排水能力が下がり、冠水することもある。

一般的に洪水というと、堤防が決壊

5段階に分けられた水位の危険度レベル

国土交通省および気象庁では、洪水になる水位の危険度レベルを５段階で設定している。レベル１は水防団待機水位、レベル２は氾濫注意水位、レベル３は避難判断水位、レベル４は氾濫危険水位、レベル５は氾濫の発生である。洪水予報で発表されるこの水位レベルを正確に理解し、的確な判断や安全な行動につなげなければならない。

洪水予報の基準水位

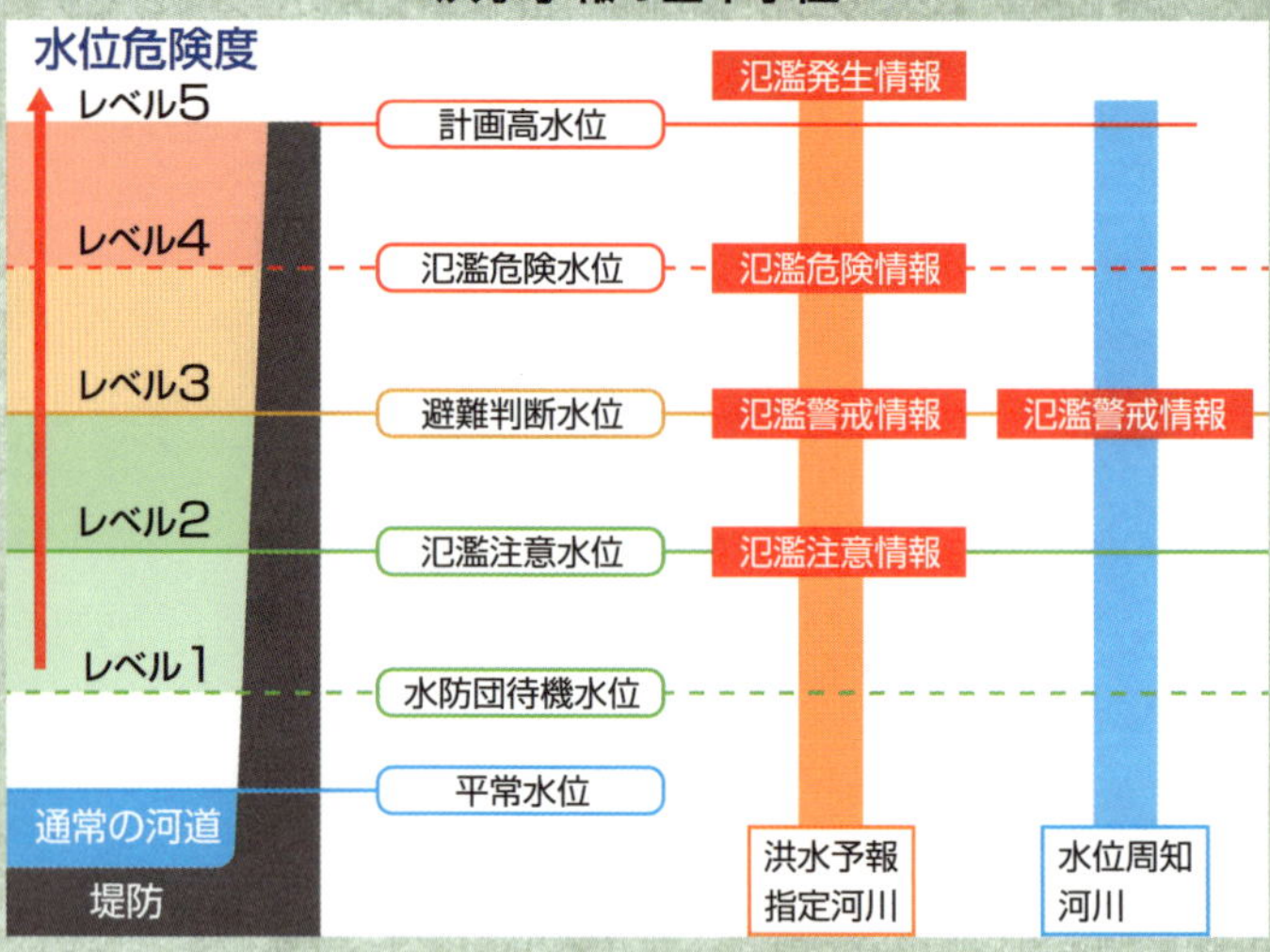

指定河川洪水予報の正しい読み取り方

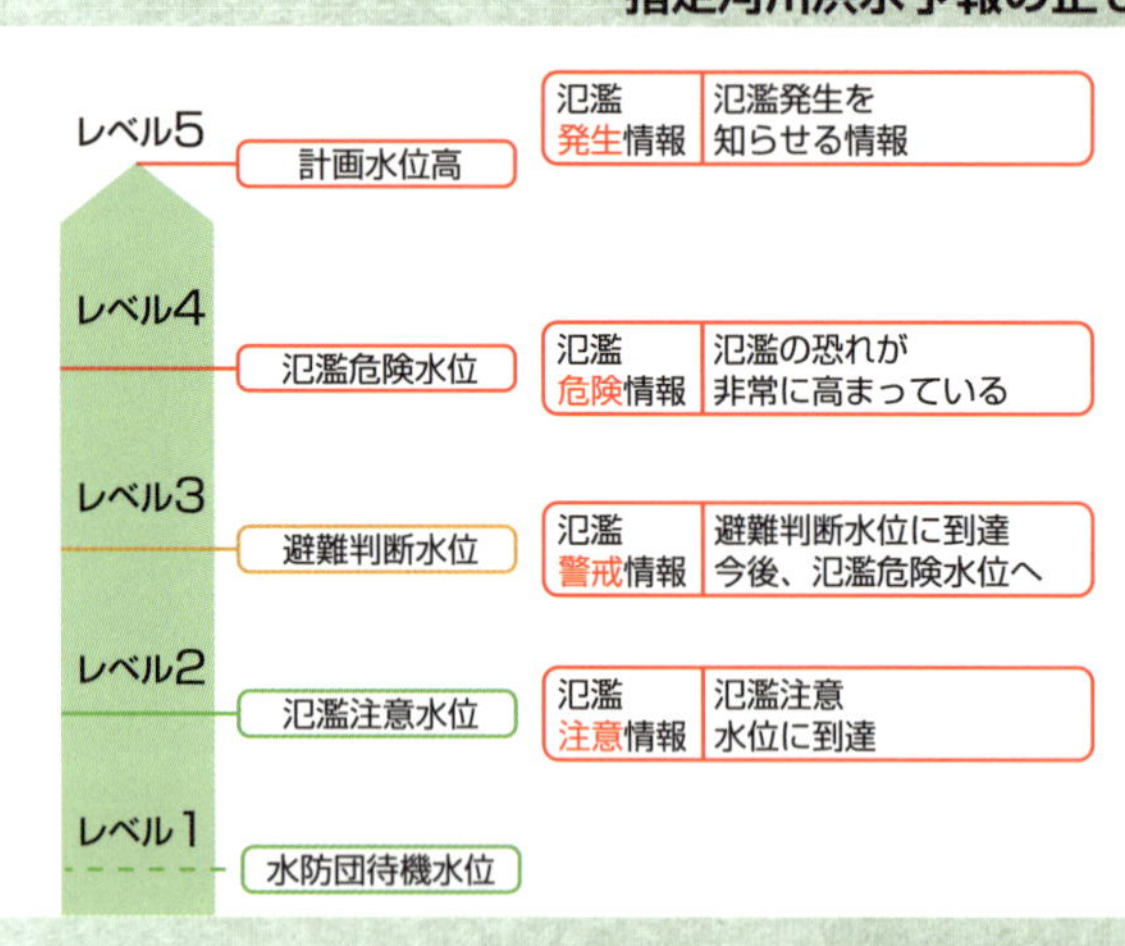

指定河川洪水予報では、河川名と危険度のレベルに応じた情報名を組み合わせて発表される。氾濫注意水位（レベル２）に到達し、さらに水位の上昇が見込まれる場合「○○川氾濫注意情報（洪水注意報）」を発表。氾濫危険水位（レベル４）に到達し、いつ氾濫してもおかしくない状態になれば「○○川氾濫危険情報（洪水警報）」が発表される。

する外水氾濫がイメージされやすい。しかし、近年は都市化が進んだことで内水氾濫も頻繁に起こるようになっている。

集中豪雨のときにはとくに注意が必要

雨の降り方によっても、洪水の起こり方に違いがある。基本的に地上に降ってきた雨は地中へと浸透していく。だが、長期間雨が降り続けるとしだいに地中への浸透が飽和状態となり、雨が地表面を流れ出して河川に流入。これにより、水位が上昇して洪水となる。ただ、長雨の場合は水位上昇がゆっくりのため、避難の準備もできる。

恐ろしいのが短期間に大量の雨が降る集中豪雨だ。こちらは、地表面を流れる雨の量が通常の降雨にくらべて多いので、河川の水位も急激に上昇。そのため、洪水が発生するまでの時間が短くなり、避難が間に合わないこともあるのだ。

準備　土嚢を用意しておいて水の侵入を防ぐ

なによりまず、自分が住む家やその周辺にどのような水害のリスクがあるか、自治体が提供するハザードマップで確認しておくことが大切だ。

また、道路の排水溝に落ち葉やゴミなどがたまっていると、雨水が流れ込みづらくなり、逆流する危険性が高まる。普段から清掃を心掛けよう。カーステップやプランターなども下水道への雨水の流入をさまたげる原因となるので、道路上に置いてはいけない。

台風の接近などで大雨が予測される場合は、家屋への水の浸入を抑えることができる土嚢（どのう）を準備しておく必要がある。土嚢袋はホームセンターなどで買えるが、自治体によっては無料で配布しているところもある。

港区HPより

東京都港区の浸水ハザードマップの一部。平成12年9月の東海豪雨クラスの雨量があった場合、青色部分は2mも浸水すると想定されている。

対策　道路に水があふれていたら外出は危険

冠水した道路。ふたの外れたマンホールや側溝があったとしても見えず、とても危険だ。

冠水した道路を歩くのは、たとえ水深が浅くても、ふたの外れたマンホールや側溝などが見えなくなるため非常に危険だ。避難場所への移動は、浸水する前に行なうことが基本である。

洪水が発生する恐れがあるときは、気象庁から洪水注意報や洪水警報などの情報が発表される。また、避難が必要なときには、市町村から避難勧告・避難指示なども発令される。だが、それらが出される前であっても、危ないと思ったら避難の準備をはじめておいたほうが良い。

もし、すでに道路が冠水しているなどで避難場所への移動が間に合わなかったときは、自宅や近所のビルなど堅牢な建物の２階以上に避難しよう。

今後30年以内に起こる地震

関東では90%以上の確率で大地震が発生

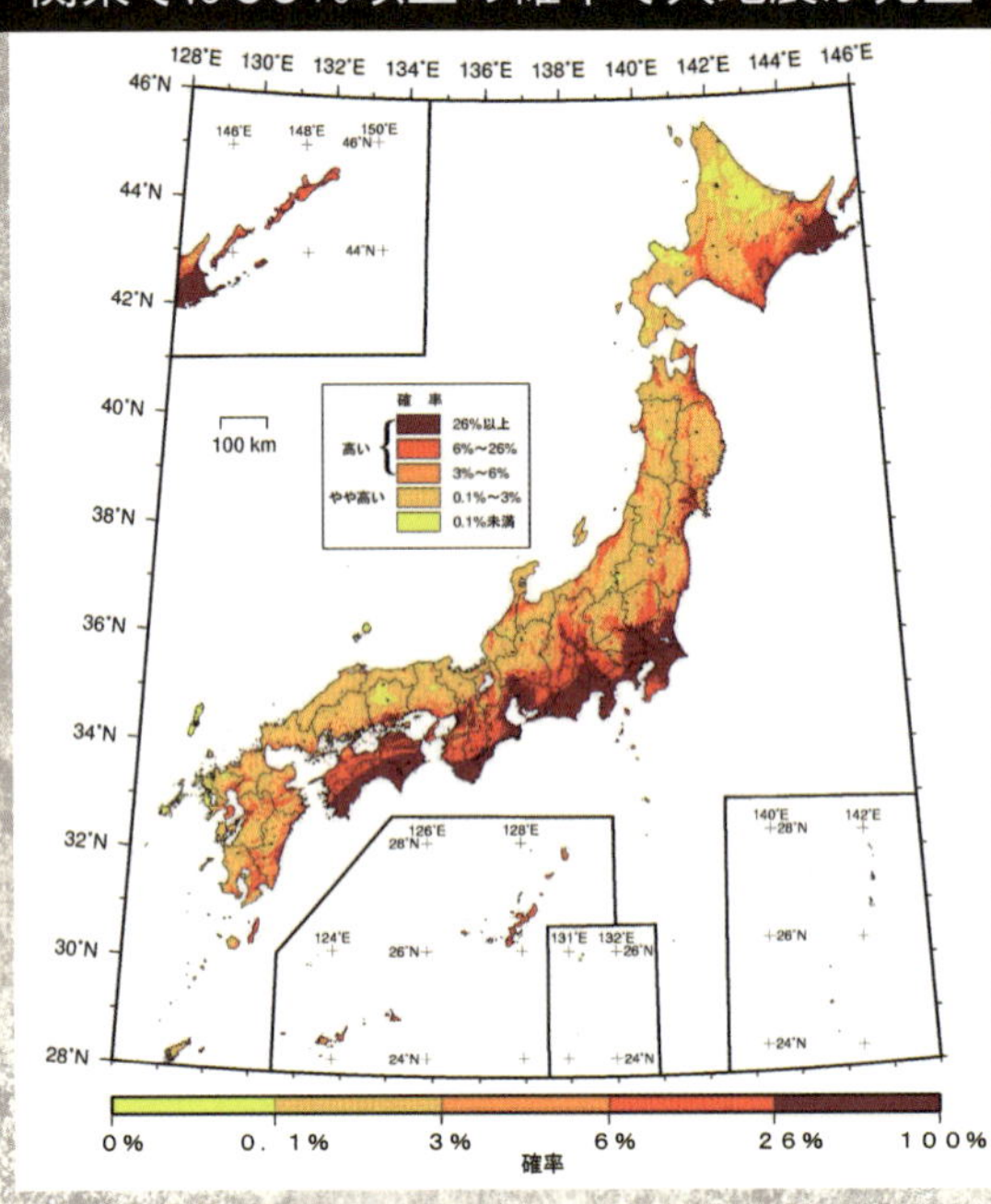

出典：「全国地震動予測地図2018年版」（地震調査研究推進本部）

地震調査研究推進本部は、「確率論的地震動予測地図」を発表している。これは、日本とその周辺で今後起こると考えられている地震によって強い揺れに見舞われる確率を地図上で示したものだ。

この地図を見れば、今後、大地震に襲われる確率の高い地域がよくわかる。今後30年間で震度6弱以上の地震の発生確率が高い地域をいくつか紹介しよう。

北海道では、「千島海溝沿いの色丹島沖及び択捉島沖」と「根室沖地震」が予想されている。とくに「根室沖地震」は、今後30年以内の発生確率が80%を上回っている。

関東地方で危険なのが、「茨城県沖のプレート地震」だ。今後30年以内にM6.7~7.2の規模のものが90%以上の確率で発生すると予測されている。これは、日本で発生確率がもっとも高いとされている地震だ。

東海地方から近畿、四国では「南海トラフ巨大地震」の発生が70%以上と予想されている。地震が発生した場合、和歌山県から大阪府、兵庫県まで甚大な被害が想定されており、とくに和歌山県の沿岸部においては20m級の津波が発生する可能性がある。

また、高知市も海からの距離が近く、海抜の低い場所が多いため、津波による深刻な被害が懸念されている。

Part 4 歴史を変えた自然災害

7300年前ごろ

九州南部の縄文文化を崩壊させた
「鬼界カルデラの噴火」

©Pekachu 2015

東北にまで広がった火山灰の被害

約7300年前に発生した鬼界カルデラの大噴火にともなって噴出した火山灰と火砕流の広がり。九州南部・東部、四国、本州瀬戸内海沿い、および和歌山県で20cm以上あり、広くは朝鮮半島南部や東北地方にも分布する。火山灰に覆われた面積は約200万km²、体積は約100km³にもなる。火山灰を調べることで離れた地域の時代を測定できる。このような火山灰を「鍵層」という。

外輪山の一部が海上に出ている鬼界カルデラ

©名古屋太郎 2015

いまも噴気活動が活発な薩摩硫黄島

薩摩硫黄島は東西6 km、南北3 kmの火山島で、竹島とともに鬼界カルデラの一部として縁をなしている。 主峰の硫黄岳は流紋岩質の急峻な成層火山であり、山頂火口ではいまも噴気活動が活発だ。また稲村岳は玄武岩～安山岩質の小型成層火山である。

1000年間、人の住めない不毛の地に

日本で起こった自然災害のなかで、もっとも甚大な被害を出したのが、いまから約7300年前、縄文時代初期に九州で発生した巨大噴火だ。噴火したのは現在の鹿児島県の南沖合、薩摩硫黄島付近の海底にある鬼界カルデラである。

噴火によって発生した火砕流は九州南部を焼き尽くし、さらに有毒な火山ガスを含む火山灰が九州南部で30cm、九州北部でも20cmも降り積もった。

鬼界カルデラの噴火以前の南九州は照葉樹の森林が広がり、縄文文化が栄えていたことが遺跡の調査などからわかっている。だが、噴火により南九州は壊滅。以後、約1000年間にわたり、人の住めない不毛の荒野となってしまった。

ちなみに、このときの火山灰は四国や近畿地方南部にまで到達している。その影響で森が枯れ、西日本の縄文人の多くが飢餓状態に陥ったと考えられている。

紀元前1630年ごろ

遠く離れた夏王朝を衰退させた
「サントリーニ火山の噴火」

カルデラ地形の一部である サントリーニ島

現在のサントリーニ島

サントリーニ島は、エーゲ海のキクラデス諸島南部に位置するギリシャ領の島である。紀元前1600年ごろに大爆発を起こした火山が形成したカルデラ地形（サントリーニ・カルデラ）の一部で、その外輪山にあたる。本島を含めた５つの島々の総称としても用いられる。

サントリーニ島の街並み

現在はエーゲ海有数の観光地のひとつ

現在のサントリーニ島は、カルデラ湾を望む断崖の上に白壁の家々が密集する景観でも知られ、エーゲ海有数の観光地のひとつとなっている。しかし、サントリーニ・カルデラ内では現在も活発な火山活動があるため、また噴火を起こすかもしれない。

夏に霜が降り、五穀が枯れた異常気象

中国最古の王朝は、紀元前1900年頃に成立した夏王朝だとされている。この王朝は、紀元前1600年ごろに滅びたが、なんとその原因のひとつが、遠く離れたエーゲ海のサントリーニ島で起きた噴火によるという説がある。

火山島であるサントリーニ島が噴火したのは、紀元前1630年ごろだ。噴火の正確な規模はわかっていないが、火山灰の広がりなどかから、かなり大規模なものだったと推定されている。

そして、上空36～38㎞にまで達した噴煙によって、火山灰や霧状の硫酸が太陽光を遮る「火山の冬」が発生。北半球全体の気温が低下した。

中国の歴史書『史記』には、夏王朝の末期について、「7月に霜が降りて、五穀が枯れ、飢餓が到来した」と記されている。時期的にはサントリーニ島の噴火と合致しているのだ。

181年ごろ

三国時代を招いた
「寒冷化と干ばつ」

魏、蜀、呉が覇権を争った三国時代

三国時代とは、黄巾の乱（184年）による漢王朝の動揺から西晋による中国再統一（280年）までを指す。229年までに魏（曹操）、蜀（劉備）、呉（孫権）が成立し、同時に3人の皇帝が立った。この時代については明代に書かれた『三国志演義』で日本でも広く知られている。

三国時代の中国

万里の長城
魏
匈奴
黄河
洛陽
倭
234年　五丈原の戦い
成都
建業
長江
蜀
呉
◎ 三国の国都
╳ 主な戦場
208年　赤壁の戦い

ニュージーランド北島にあるタウポ火山

タウポ火山は、ニュージーランド北島の中央部に位置し、直径約35㎞のカルデラと、その周囲に堆積した流紋岩火砕流堆積物からなる火山である。標高760m。約1800年前には北東から南西に延びる割れ目から爆発的な噴火が起こった。現在、カルデラはタウポ湖となっている。

噴火がなければ「赤壁の戦い」もなかった

劉備や曹操、孫権などが活躍する中国の三国時代は、日本人にも『三国志演義』を通じて広く知られている。そんな三国時代がはじまるきっかけとなったのは、184年に中国各地で勃発した農民反乱である黄巾の乱だ。

そして、この黄巾の乱の原因となったのがニュージーランド北島のタウポ火山の噴火が引き起こした、地球規模の寒冷化と干ばつだといわれている。タウポ火山が噴火したのは181年ごろのこと。

噴火による噴煙は高度50㎞にまで達したと考えられており、これにより広範囲に「火山の冬」が到来。その結果、稲が育たず中国の農民たちを飢餓が襲い、乱が起こったのである。

ちなみに、日本で「倭国大乱」と呼ばれる争乱が起こったのも同時代。もしかしたら、こちらもタウポ山噴火による異常気象が影響していたのかもしれない。

630〜894年

遣唐使の船が読めなかった「東シナ海の季節風」

危険な航海に出た遣唐使の船

遣唐使は２隻から４隻の船に分乗し、初期には朝鮮半島沿岸を北上して山東半島に上陸する北路をとった。だが、新羅の朝鮮統一後、朝鮮半島との関係が悪化したためにその航路は使えなくなり、九州から東シナ海を横断して揚子江河口に上陸する危険な南路をとって唐に入るようになった。

遣唐使

©World Imaging 2010

630年の犬上御田鍬が最初の遣唐使

遣唐使の目的は、国際情勢を知り、大陸文化を輸入することであった。使節団の構成は大使およびその使用人、留学生・学問僧らの随員、知乗船事以下の船員の３種類。一行は240〜250人から500人以上にのぼった。遣隋使のあとを受けて630年の犬上御田鍬が最初の遣唐使である。

命がけの航海で中国へと渡った遣唐使

7世紀から9世紀にかけて、日本が中国の文化や技術を学ぶために派遣した遣唐使。当時、中国まで航海するのは非常に危険であり、日本から出港した遣唐使船全36隻のうち、無事帰国できたのは26隻であった。

とくに8世紀以降、朝鮮半島との関係が悪化したことで、より危険な東シナ海を横断する南路を使うようになってから遭難は増加した。

遣唐使の遭難が多かった原因として、一般的には、そのころの日本人が季節風の存在を知らなかったからとされている。季節風とは、夏は大陸側に向かって吹き、冬は反対の方向に吹く風のことだ。

だが、遣唐使船の多くは夏に日本を出港している。季節風の存在は知っていたはずだ。それでも遭難が多かったのは、知識はあっても実際に複雑な動きをする風を読むのが難しかったからだろう。

1588年

スペインの無敵艦隊も翻弄された
「2度の嵐」

イングランドに敗れた スペイン艦隊

1588年7月中旬、2万2000の兵力を乗せた130隻のスペイン艦隊は、ラ・コルニャを出航、まもなく迎撃に出たイングランド艦隊とドーバー海峡で9日間にわたり砲火を交えた。この戦いでスペイン艦隊は敗北。その後、さらに北海の嵐によって損失を重ねた。

無敵艦隊アルマダの戦い

グラヴリーヌ沖
ワイト島沖
ポートランド沖
プリマス沖
ラコルーニャ
リスボン
→ アルマダ航路

アルマダの海戦

無敵艦隊の呼称は 後世つけられたもの

スペインのフェリペ2世がイングランド征圧を目ざして1587年はじめから準備した艦隊は無敵艦隊と呼ばれているが、この名はスペイン側のものではなく、後世のイギリス人がつけたものだ。当時のスペインではたんに「大艦隊(Gran Armada)と呼ばれていた。

世界の覇権を決めた 嵐の襲撃

大航海時代にポルトガルと並んで世界を二分していたスペインは、16世紀中ごろからイングランドとの関係が悪化していた。そして1588年、ついにスペインはイングランド制圧のために大艦隊を送り出す。

ところが、出港してすぐにスペイン艦隊は嵐に巻き込まれてしまい、イングランド沖に到着したのは予定より2カ月近くも遅れてのことであった。このトラブルで作戦が大きく崩れたこともあり、スペイン艦隊はのちに「アルマダの海戦」と呼ばれる戦いで、イングランド艦隊に大敗を喫してしまう。

さらに、帰国の途に就いたスペイン艦隊をふたたび嵐が襲い、無事に帰り着くことができた船はわずかであった。これにより、スペインとイングランドの力関係は逆転し、以後、イングランドが世界の覇権を握っていく。

1755年

大航海時代のポルトガルを凋落させた

「リスボン地震」

壊滅的な被害を受けたリスボン市街

地震後、廃墟と化したリスボン市街

リスボン地震の起きた11月1日はキリスト教の万聖節にあたり、地震発生時には市民の多くがミサに参列していた。そこを地震が襲い、教会の倒壊によって多数が死傷した。地震によって発生した津波はリスボンで約6m、スペインのカディスでは20mの高さに達した。

現在のリスボン

ローマよりも古い歴史をもつ都市

現在もポルトガルの首都で同国最大の都市であるリスボン。ヨーロッパ諸国の首都のなかで唯一大西洋岸にあり、またもっとも西側に位置する。リスボンの歴史は古く、ロンドンやパリ、ローマなどよりも都市となったのは数百年遡ると考えられている。

地震＋津波＋火災でリスボン壊滅

現在のポルトガルは、GDPで見ると埼玉県より少し経済規模が大きい程度の国である。

そんなポルトガルが凋落するきっかけになったといわれているのが、1755年11月1日に発生したリスボン地震だ。首都リスボンから約300キロ離れた海底を震源とするこの地震は、M8・5以上の規模とされている。直後に巨大な津波が発生してリスボンを襲い、さらに火災により市内は6日間炎に包まれ、灰燼に帰した。

この震災による死者数は5〜6万人にもおよび、ポルトガルの経済は大打撃を受けることになる。そして、これを契機にポルトガルの産業は空洞化し、長期衰退の道を歩んでいく。ちなみに、この震災は地震を科学的に研究する地震学誕生のきっかけともなった。

1783年

田沼意次を失脚させた

「浅間山の大噴火」

田沼意次の異例の出世と急激な転落

田沼意次

田沼意次は、紀州藩士から旗本になった田沼意行の長男として江戸の本郷弓町の屋敷で生まれた。15歳のときに西の丸つき小姓として仕えたことを皮切りに、第10代将軍徳川家治の側用人から老中に昇格し、幕政の実権を掌握するまでに出世。だが、子の意知が反田沼派に城内で斬られたのち、勢力を失って失脚した。

現在の浅間山

噴火をくり返してきた浅間山の歴史

浅間山は、安山岩質の成層火山だ。標高は2568mで、噴火口の直径は約450m。山体は円錐形でカルデラも形成されており、活発な活火山として知られる。数十万年前から噴火と山体崩壊をくり返し、現在の姿となった。

日本の近代化を遅らせた噴火の影響

長野県と群馬県の境にある浅間山は、何十万年も前から噴火をくり返してきた火山である。その数ある噴火のなかでも、一、二を競う大規模なものとなったのが、1783（天明3）年の噴火だ。

この噴火によって周辺の村々は壊滅し、被災した家屋は1200棟以上、死者は1000人以上とされている。浅間山から150km離れた江戸でも振動で障子が揺れたと記録されているほどだ。

ところで、浅間山の噴火の影響をもろに受けてしまったのが、当時、幕府の中枢にあった田沼意次だ。この噴火を一因として天明の大飢饉が発生。事態を収拾できないことに批判が集まり、失脚へとつながったのである。

当時、田沼は貨幣経済の振興や能力主義の人材登用など先見的な政策を進めていた。彼が失脚しなければ日本の近代化は、もっと早く達成できたともいわれる。

1782年〜1788年

大飢饉を引き起こした

「天明年間の大雨と洪水」

天明飢饉之図

©福島県会津美里町教育委員会所蔵

飢饉に対応するため寛政の改革がはじまる

江戸時代中期の1782（天明2）年から1788（天明8）年にかけて発生した天明の大飢饉は、日本の近世では最大の飢饉とされている。被害は東北地方の農村を中心に、全国で数万人が餓死したと杉田玄白は『後見草』で伝えている。また、佐藤雄右衛門将信が書き残した『天明雑変記』によると、津軽南部あたりでは大凶作の影響で、米価は平年の15〜20倍にまで高騰したという。農村部から逃げ出した農民は各都市部へ流入し、治安が悪化。江戸や大坂では米屋への打ちこわしが起こり、その後全国各地に打ちこわしが波及した。この事態に対し、幕府は寛政の改革をはじめた。

100万人近くが餓死した大飢饉

江戸三大飢饉のひとつに数えられる天明の大飢饉は、江戸時代中期の天明年間（1780年代）に発生したものである。悪天候や冷害、異常乾燥、洪水などが相次いだことで東北を中心に壊滅的な不作となり、飢饉は全国に広がっていった。

公的な記録では、餓死者は数万〜10万人となっている。しかし、これは被害の大きさを表沙汰にさせないようにするための数字で、実際には全国で100万人近くが餓死したと考えられている。

この飢饉を引き起こした異常気象の原因は長年、1783（天明3）年の浅間山の噴火だとされてきた。だが、近年はフランス革命の原因ともなった同年のラキ山の噴火（90ページ）の影響のほうが大きかったともいわれている。

ただ、同時期にアイスランドのグリムスヴォトン山も噴火しており、異常気象の原因は複合的なものかもしれない。

1783年

フランス革命を引き起こした「ラキ山の噴火」

バスチーユ監獄襲撃からはじまった革命

フランス革命は1789年にはじまった。パリ市民によるバスチーユ監獄襲撃を皮切りに、封建的特権の廃棄、人権宣言へと発展した。1791年に憲法が制定されて王政は廃止、ルイ16世は処刑された。だが、革命後もテロが横行するなど混乱は続き、1799年にナポレオンのクーデターで革命は頓挫した。

フランス革命

近代市民社会の原理となった人権宣言

フランス革命で採択された人権宣言は、封建的特権を廃止し、すべての人間の自由・平等、主権在民、言論の自由、私有財産の不可侵など、近代市民社会の原理を主張するものであった。この宣言で示された価値観は、これ以後、世界的に共有され、社会の基礎となっていった。

自由よりもパンを求めたフランス市民

1789年に勃発したフランス革命といえば、「自由・平等・友愛」の旗印を市民たちが掲げて戦い、民主主義の先駆けとなったというイメージをもっているかもしれない。

それも完全には間違いではないが、市民たちが立ち上がった本当の理由は、深刻な食糧不足のためである。その食糧不足を引き起こしたのが、1783年にアイスランドで発生したラキ山の噴火だ。

噴火は8カ月も続き、上空15kmにまで達した噴煙は空を覆い、太陽を隠してしまった。その影響でアイスランドの農業は壊滅し、人口の20%以上が餓死してしまう。

火山灰はヨーロッパ全土にも広がり、フランスでも不作が続いた。そのため、小麦の値段が高騰し、市民はパンすら手に入れられなくなった。この状況が革命に火をつけたのである。

1812年

ナポレオンが敗れた

「ロシアの冬将軍」

下級士官から皇帝になったナポレオン

ナポレオン・ボナパルトは、コルシカの小貴族次男として1769年8月15日に生まれた。フランス本土のブリエンヌ幼年学校、パリ兵学校で学び、85年砲兵少尉として地方都市に赴任。フランス革命後の混乱を収拾して軍事独裁政権を樹立し、皇帝となった。さらに、ナポレオン戦争を引き起こし、ヨーロッパ大陸の大半を勢力下に置いたが、対仏大同盟との戦いに敗北し、イギリス領セントヘレナ島に流刑された。

ナポレオンのロシア遠征

ロシア
ボロディノ
モスクワ
ベレジナ川
イギリス
フランス帝国
スペイン
フランス帝国
フランス従属国
フランス同盟国
フランス軍進路

ロシアの焦土戦術に敗れたフランス軍

大陸封鎖令を無視したロシアがイギリスに輸出を行なったため、ナポレオンは1812年にロシア遠征に踏み切った。ロシア側は広大な国土を活用し、戦闘を避けてひたすら後退しつつ、フランス軍の進路にある物資や食糧をすべて焼き払う焦土戦術でフランス軍の疲弊を待った。

カラスが凍って空から落ちるほどの寒さ

18世紀初頭、ヨーロッパのほぼ全域を制圧したナポレオンは、1812年に70万人近い大軍でロシアに侵攻した。

だが、1810年代というのは世界各地で火山活動が活発化した時代で、その影響で寒冷化が進行していた。つまり、酷寒の地であるロシアに攻め入るには、最悪のタイミングだったのである。

ナポレオン軍はロシア軍に苦戦。なんとかモスクワを落としたものの、兵站を分断されたことで撤退を余儀なくされる。そこに、寒冷化の影響で例年より早まった大寒波が襲い、ナポレオン軍に凍死者が続出した。その寒さは、「カラスが凍って、空から落ちてくる」ほどだったと記録されている。

結局、無事フランスに帰り着くことができた兵士は、開戦当初の1~2%だったとされる。この手痛い敗北を契機に、ナポレオンは凋落していった。

1828年

鎖国体制の日本を震撼させた
「シーボルト台風」

日本の研究資料を集めたドイツ人医師シーボルト

フィリップ・フランツ・バルタザール・フォン・シーボルトは、ドイツの医師で博物学者。1822年にオランダ人と偽り、来日。日本の地理や植生、気候や天文などを研究調査するとともに、多くの日本人蘭学者と交流をもった。「出島の三学者」のひとりにも数えられる。また、日本滞在中に日本人女性の楠本滝との間に娘のイネをもうけている。西洋医学を学んだイネは日本人女性ではじめての産科医となった。

風速　50m/s
気圧　900hPa

シーボルト台風の最大風速は50m／s

長崎県の西彼杵（にしそのぎ）半島に上陸した台風は北東に進行。その後、関門海峡付近を中国地方を経て縦断したと考えられている。この台風の規模は、最低気圧は900ヘクトパスカルほど、最大風速は50m／sほどであったと推測されている。

佐賀藩だけで約1万人の死者を出した

1828（文政11）年9月17日、巨大な台風が日本に上陸し、九州地方を中心に大きな被害をもたらした。台風の影響で高潮が発生したこともあり、死者数は佐賀藩だけで約1万人、九州北部全体では約1万9千人にも達したとされる。

ただ、この台風が有名なのは被害の大きさからではない。台風が接近していたころ、来日していたドイツの植物学者シーボルトは、帰国の途に就かんとしていた。ところが、停泊していた船がこの台風により難破。積み荷から、当時国外に持ち出しが禁じられていた日本地図などが見つかってしまったのだ。

これにより、シーボルトは積み荷を没収されたうえ国外追放となり、彼と交流のあった日本人の役人や門人が数多く処刑された。後年、事件にちなんで、このときの台風はシーボルト台風と名づけられ、歴史に名を残したのである。

1941年

ヒトラーが敗れた

「エルニーニョ現象」

5カ月で終わらなかった独ソ戦

1941年にドイツはソ連に侵攻を開始した。当初ヒトラーは「作戦は5カ月間で終了する」と断言した。その言葉どおり、はじめはソ連軍を次々と打ち破り、優位に立ったが、スターリングラードの攻略に失敗すると、ドイツ軍は一転守勢に回るようになった。

ヒトラーのソ連侵攻

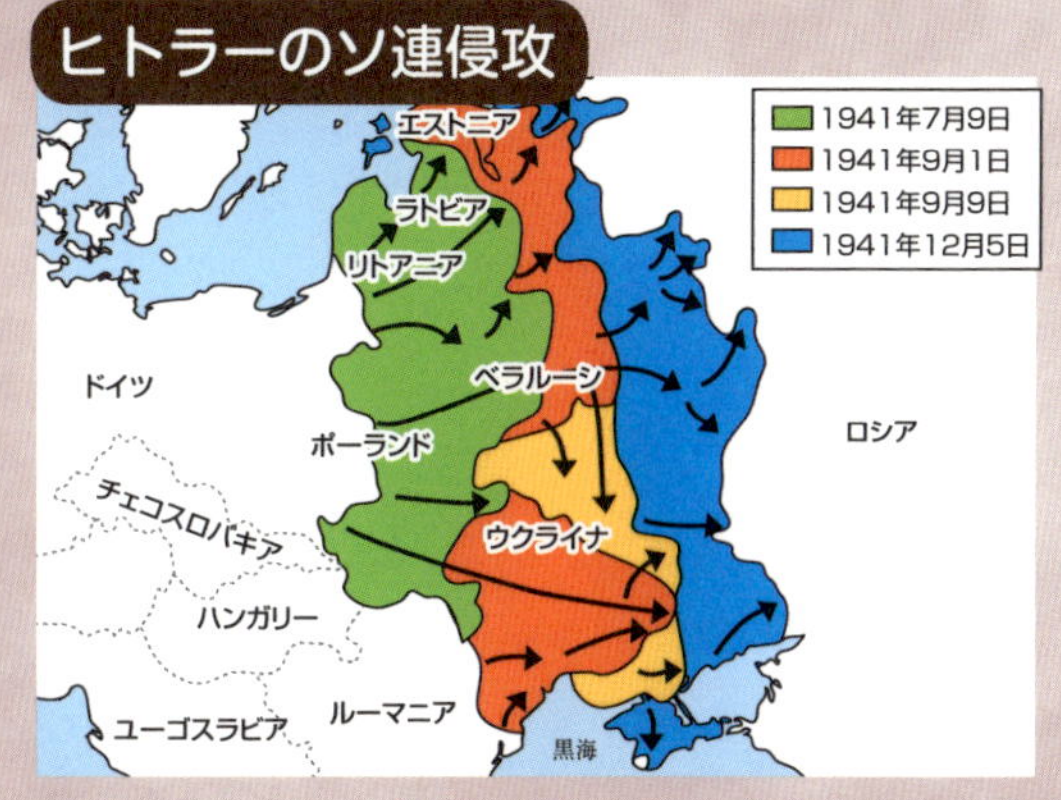

ヒトラー

第二次世界大戦を引き起こしたヒトラー

アドルフ・ヒトラーは1889年にオーストリアで生まれた。第一次世界大戦後、ドイツ労働者党に入党。のちその独裁的指導者となり，国家社会主義ドイツ労働者党（ナチス）と改称した。1934年に大統領を兼ねる総統になると独裁政治によって軍備を拡大。反ユダヤ主義とゲルマン民族の優越性を主張し、強硬外交と軍備拡張により近隣諸国を侵略して第二次世界大戦を引き起こした。だが、連合国軍の反撃により、ベルリン陥落直前に官邸で自殺した。

気象予報を信じたことで作戦が失敗

ヒトラー率いるドイツが、1939年にポーランドに侵攻したことにより第二次世界大戦は勃発した。ドイツ軍は破竹の快進撃を続け、1941年には不可侵条約を破ってソ連にも侵攻する。

もちろん、ヒトラーはナポレオンの失敗などから、酷寒の地であるソ連を攻め落とすのが難しいことは知っていた。だが、ドイツの気象予報は、その年のソ連は暖冬になると予報。これが、ヒトラーにソ連侵攻を決断させたのである。

ところが、この予報が外れてしまう。じつはこの年、エルニーニョ現象が発生し、ソ連を平年以上の寒波が何度も襲ったのだ。ドイツ軍はモスクワの間近にまで迫ったが、そこに零下25・9度にもなる大寒波が襲来し、モスクワ攻略作戦は中止を余儀なくされてしまう。

これによりドイツは、侵攻作戦に狂いが生じ、しだいに劣勢となっていった。

1972年

地球規模の食糧危機を引き起こした

「1972年の異常気象」

小麦の価格が２倍になった世界的干ばつ

1972年の世界的な干ばつで食糧不足となったことで、穀物価格は急上昇した。国際市場では1972年から1974年にかけて小麦価格が急騰し、1972年の2倍近くにもなった。これを受けて各国が食物輸出を規制する政策をとったことで、世界的な食糧不足は、より悪化した。

穀物価格の変動

米　小麦　大豆　トウモロコシ

価格が急騰

サミットの開催につながったWFC

世界食糧理事会（WFC）は、1974年ローマで開催された世界食糧会議の勧告により、国連総会が設置した政策提言機関である。この理事会の目的は、世界食糧会議の諸決定を各国政府、関連国際機関が実施するにあたっての調整と助言を一元的に行なうことだ。

アフリカで10万〜20万人が餓死

1972年は、世界中を異常気象が襲った年だった。この年、エルニーニョ現象を原因とする干ばつ、低温、豪雨などが各地で発生。これにより、世界の農業生産は壊滅的なダメージを受けてしまった。

とくにアフリカでは、主要農作物の収穫が激減。その結果、10万〜20万人が餓死する事態となった。また、オーストラリアの農業生産は過去5年間の平均を25％も下回り、ソ連でも予測を13％も下回る不作となった。

この事態に対し、各国は国際協調の必要性を痛感。国連に世界食糧理事会（WFC）という機関が設置された。そして、定期的に各国の代表者が集まる世界食糧サミットが開かれることとなった。

さらに、この流れが、いまも続く先進国首脳会議（サミット）の開催へとつながっていくのである。

STAFF

編集・構成・DTP ● 造事務所
文 ● 岩槻秀明、奈落一騎
図 ● 谷合稔、岩槻秀明（資料提供）
デザイン ● 吉永昌生
写真 ● 岩槻秀明、朝日新聞社、災害写真データベース、
写真 AC、photolibrary、Pixabay

参考文献

『気象学のキホンがよ〜くわかる本』
岩槻秀明（秀和システム）
『天気と気象がわかる！　83 の疑問』
谷合稔（ソフトバンククリエイティブ）
『天気と気象がよくわかる本』
岩槻秀明ほか（笠倉出版社）
『大噴火の恐怖がよくわかる本』
高橋正樹監修（PHP 研究所）
『天気が変えた世界の歴史』
宮崎正勝監修（祥伝社）
『気候文明史』
田家康（日本経済新聞出版社）
『NHK 気象ハンドブック』
NHK 放送文化研究所（NHK 出版）
『竜巻ーメカニズム・被害・身の守り方ー』
小林文明（成山堂書店）
『雷と雷雲の科学ー雷から身を守るにはー』
北川信一郎（森北出版）
『地球環境事典 < 第 3 版 >』
丹下博文（中央経済社）
『天気図と気象の本』
宮沢清治（国際地学協会）
『世界のどこでも生き残る 異常気象サバイバル術』
トーマス・M・コスティジェン（日経ナショナルジオグラフィック）

そのほか、気象庁 HP、環境省 HP など多数の WEB サイトを参考にしています。

日本列島を襲う！！
異常気象と自然災害
そのメカニズムと対策

発行日　2019年7月5日　初版第1刷発行

編　　著　株式会社造事務所
発 行 人　磯田肇
発 行 所　株式会社メディアパル
〒162-8710
東京都新宿区東五軒町6-24
TEL. 03-5261-1171　FAX. 03-3235-4645
印刷・製本　図書印刷株式会社

ISBN978-4-8021-1036-5　C0044